西部农村实用生产建设丛书

陈炳东　田茂琳　主编

特色果树生产建设技术

田茂琳　李娜　著

中国建筑工业出版社

图书在版编目（CIP）数据

特色果树生产建设技术 / 田茂琳，李娜著. —北京：中国建筑工业出版社，2012.8
(西部农村实用生产建设丛书)
ISBN 978-7-112-14573-7

Ⅰ.①特… Ⅱ.①田… ②李… Ⅲ.①果树园艺 Ⅳ.①S66

中国版本图书馆CIP数据核字（2012）第183623号

本书从西部特色果树的科学生产建设出发，阐述了核桃、油橄榄、花椒、银杏四大果树的生产技术操作细节，包括产地栽培条件要求、良种苗木繁育、园地规划设计、田间管理、整形修剪与高接换优、自然灾害与病虫害防控、采收加工、贮藏运输等内容。图书内容翔实、图文并茂、参考性与指导性强，可切实地帮助解决农民在果树生产中遇到的实际问题。

责任编辑：石枫华　兰丽婷
责任设计：叶延春
责任校对：肖　剑　关　健

西部农村实用生产建设丛书
陈炳东　田茂琳　主编
特色果树生产建设技术
田茂琳　李娜　著
*
中国建筑工业出版社出版、发行（北京西郊百万庄）
各地新华书店、建筑书店经销
北京京点设计公司制版
北京云浩印刷有限责任公司印刷
*
开本：880×1230毫米　1/32　印张：5　字数：148千字
2012年11月第一版　2012年11月第一次印刷
定价：15.00元
ISBN 978-7-112-14573-7
(22651)

序

西部大开发总的战略目标是：经过几代人的艰苦奋斗，到21世纪中叶全国基本实现现代化时，从根本上改变西部地区相对落后的面貌，建成一个经济繁荣、社会进步、生活安定、民族团结、山川秀美、人民富裕的新西部。西部大开发要以基础设施建设为基础，以生态环境保护为根本，以经济结构调整、开发特色产业为关键，以依靠科技进步、培养人才为保障。从现在起到2030年，是加速发展阶段，要积极调整产业结构，着力培育特色产业，实施经济产业化、市场化、生态化和专业区域布局的全面升级，实现经济增长的跃进；要依靠科技进步，调整和优化农业结构，增加农民收入；要发展科技和教育，提高劳动者素质，加快科技成果的转化和推广应用。在此大前提和大背景下，编写出版《西部农村实用生产建设丛书》就显得十分必要和迫切。

这部《西部农村实用生产建设丛书》的编写出版，紧紧抓住了国家西部大开发的战略机遇，着眼于推进农业科技入户工程和新型农民培训工程等项目的实施。主题就是要以科学发展观为指导，突出农民在建设社会主义新农村中的主体地位，帮助农民掌握科学的生产方法和技术，培养和造就有文化、懂技术、会经营的社会主义新型农民，为社会主义新农村建设提供人才保障。丛书以全面落实科学发展观为目标，在传授科学生产知识，提高劳动者文化素质的同时，按照建设社会主义新农村的总体要求，倡导科学文明的现代生产生活方式，构建人与人、人与社会、人与自然的和谐相处，促进农村社会进步、生活安定、民族团结。

丛书把介绍农村种养业技术与培养农民科学思想、科学精神，提高农民健康文明生活方式相结合，弥补了同类图书的不足，能全方位地关注农村生态环境、农民安居乐业，为发展循环经济、丰富农民的精神生活、建设美好家园服务。

丛书的突出特色在于着眼西部，服务新农村建设，探究解决农业、农村、农民的生产生活条件问题，给力建设小康社会。对于西部来说，由于种种原因，农业基础比较落后，农村人才资源匮乏，特别是农民对新的生产建设技术还缺乏了解，影响了农民生产生活条件的改善和收入水平的提高，制约了新农村建设的整体推进。本书稿充分认识这一实际情况，具有很强的针对性和指导性，其内容是最新科技成果的浓缩，理论浅显易懂，观点富于科学精神，技术农民容易掌握，科技含量高，创新点多，可为广大农民提供十分有价值的实用参考资料。

丛书内容分家庭低碳蜜蜂饲养技术、低碳果蔬设施生产建造技术、家庭绿色食用菌生产技术、西部农村新民居建设、庭院生态园林建造技术、庭院文化卫生建设技术等，可为西部大开发和社会主义新农村建设提供强有力的科技支撑，是十分珍贵和难得的图书。

甘肃省科学技术协会党组书记、常务副主席

史振业

前言

怎样生产出优质果品并使其达到绿色食品标准，这是人们非常关心的问题。绿色标准的感官指标、卫生指标、理化指标和营养价值是产品的质量核心。注意食品的安全性、营养性，防止有害重金属含量和农药残留量超标，就需要严格把控原料、用水、生产地环境及覆盖材料，而不能只为高产目标，过量使用化肥和农药，导致食品失去营养价值，甚至给人体健康带来危害。

为提高果树种植者科学素质与技能，使果树生产得到科学发展，给人们生活提供安全的保健食品，让生产者获得较大的经济效益，本书总结了多年来的生产实践经验，按照绿色食品的质量要求，全面系统介绍几种特色果树的生产建设技术。希望通过学习掌握本书的内容，西部农村果树种植者能够采用并积极参与绿色食品的标准化生产，以创果品生产的特色名牌，增加市场占有量，迎来果树产业更灿烂的明天。

目录

第1章 核桃生产建设技术

核桃是人们十分重视的木本油料树种，它的坚果、核仁、壳以及木材对生态环境、人体健康、医疗食用等都有着重要价值。21 世纪以来，由于市场经济和生活水平的拉动，地方政府十分重视核桃经济林的发展，广大公民也把核桃看做一种天然保健食品，老少皆食。城市对核桃的需求牵动农村种植，带动了农民栽种核桃的积极性，从而推动了核桃事业的大发展。

1.1 核桃概述

1.1.1 物种学特性

1. 种属特征与分类

核桃（图 1-1）学名为胡桃，双子叶植物纲、金缕梅亚纲、胡桃科的落叶或半常绿、常绿乔木；羽状复叶，无托叶；花单性，雌雄同株，雄花序常为柔荑状，单生或数条束生，雌花序穗状或稀柔荑状；雄花生于 1 枚不分裂或 3 裂的苞片腋内，通常具有 2 个小苞片或 1 ～ 4 枚花被片，雄蕊 3 ～ 40 枚插生在花托上；雌花具 2 个小苞片和 2 ～ 4 枚贴生于子房上的花被片，子房为 2 心皮合生；果实为假核果或坚果，无胚乳，具 1 层膜质种皮。

图 1-1 核桃的果实

2. 物种起源与分布

本科植物最早的化石是在欧洲和北美的晚白垩世和古新世地层中发现的，因此起源时间至少应追溯到晚白垩世。根据化石记录，胡桃科植物自始新世到中新世便广布北半球，并且达到格陵兰和阿拉斯加等高纬度地区。而现代的分布区北界在欧亚大陆和北美的北纬 46° ～ 49° ，这是由于第三纪末和第四纪的冰川作用，北半球大部分地区遭受冰盖，胡桃科植物在欧亚北部和北美北部灭绝，只在东亚南部和北美南部的纬度上得以保存，形成现代的间断分布样式，以中国南部至中南半岛和美国南部至中美洲种类最多。胡桃科植物全世界有 9 属 72 种，中国产 7 属 29 种。虽然核桃是一个产自温带的树种，但对亚热带和热带气候有广泛的适应性，在我国分布于各地的低山到中山地带，大多数种分布于长江上游山地森林中或河谷两旁，少数种分布在我国北部地区。

3. 生物学特性

核桃属于温带树种，适宜的年均温为 9 ～ 16℃，日平均气温达 9℃以上时开始萌动，14 ～ 15℃以上时进入花期。当秋季气温下降到 -25℃时，枝条发生冻害，但不致死亡，其最低临界温度为 -31℃；夏季当温度升到 38℃以上时，生长停止，如遇干旱则易发生日烧。采收期若温度高于 32℃会降低核仁质量。年降水量在 500 ～ 700mm 时，如雨量分布均匀，可以满足核桃年生长发育对水分的需求，否则须灌水，全年至少灌 2 ～ 3 次。核桃属于喜光、深根性树种，喜欢深厚、肥沃、疏松的土壤，排水不良或长期积水会造成核桃根系生长不良或窒息而死亡。秋季雨水过多会引起外果皮早裂，种皮变色而发霉变质，影响核果质量。

1.1.2 核桃的营养价值与作用

1. 营养保健

(1) 补脑益智

核桃能“补肾通脑，有益智慧”（李时珍）。核桃仁中含有丰富的锌和磷脂，而这些物质可以合成脑磷脂，并且现代生物化学学家已在核桃仁中发现高含量的与人脑神经传输信号有关的重要化合物——血清激物，证明核桃仁对大脑神经尤为有益。患有神经衰弱的人坚持食用核桃，疗效显著。核桃脂肪富含人脑必需的脂肪酸，是优质的天然“脑黄金”，可供给大脑基质的需要。此外，核桃中所含的微量元素锌和锰是脑垂体的重要成分，常食有益于脑的营养补充，有健脑益智作用。

（2）美容乌发

核桃油中的脂肪酸主要是油酸和亚油酸，约占总量的 90%，而这些油酸正好是滋养皮肤的重要物质，常吃核桃可以使人皮肤光泽，青春焕发。核桃油中的油酸和亚油酸也是人体头发的组成部分，有利于黑色素的形成，因此，常食可以使头发乌黑亮泽。

（3）抗衰老

核桃油含有丰富维生素 E，而维生素 E 可防止细胞老化和记忆力及性机能的减退，因此，长吃核桃不仅对少年儿童的身体和智力发育大有益处，还有助于老年人的健康长寿。

（4）降血糖血脂

美国研究人员用老鼠做试验，发现常吃核桃的老鼠，血糖和血脂很明显地下降。核桃中的亚麻酸是人体组成各种细胞的基本成分，而且能够调节新陈代谢，维持血压平衡；亚油酸还有降低血清胆固醇的作用，食后不但不会使胆固醇升高，还能减少肠道对胆固醇的吸收，因此，核桃仁可作为高血压、动脉硬化患者的滋补食品。

2. 医疗功效

我国古代中医历来认为核桃味甘性温，能润肺、补肾、补血。《神农本草经》将核桃列为轻身益气、延年益寿的上品；唐代孟冼著《食疗本草》中记述，吃核桃仁可开胃、通润血脉、使骨肉细腻；宋代刘翰等著《开宝本草》中记载，“食之肥健、润肌、黑须发，多食利小水、去痔”。李时珍著《本草纲目》中记述，核桃仁有“补气养血，润燥化痰，益命门，利三焦，温肺润肠，治虚寒喘咳、腰部肿疼、心腹疝痛、血痢肠风”等功效。

核桃除果仁可食用外，枝、花、外皮、壳、叶等也可入药，在传统的药膳中有核桃枝南瓜蒂汤、核桃枝煮鸡蛋等，有疏肝理气、开郁润燥、散结解毒等功能，适于治乳腺癌、胃癌及痰气交阻之食道癌，核桃花町剂可治疣子。

3. 传承中国生活文化

核桃为世界著名的“四大干果”之一，全身都是宝，除核桃仁供人生活中做食品外，还可以榨油、配制糕点和糖果等，又由于具有营养保健的作用，核桃被人们誉为“万岁子”、“长寿果”。在西欧各国，核桃是圣诞节等一些传统节日的送礼食品。在中华大地，它又是一种地道的土特产干果，还有一种山野核桃，可供人们文玩健身及加工为工艺品，也可作为亲朋好友相送的礼品。

4. 副产品价值用途

核桃树是重要的木本油料果树，树皮含甙、鞣质，可提取鞣质，制栲胶，同时树皮纤维还是人造棉和造纸的原料。核桃的果皮可用于制造活性炭，是提取单宁的原料，叶及果皮还可用作农药。

核桃的木材因其色泽淡雅、纹理致密、材性良好，在国际市场上也是公认的优良木材。由于它坚实硬沉、纹理直、有光泽、不翘不裂、耐冲击力强、尺寸性稳定，不仅是传统的优良军工用材，还是航空、车工、雕刻及珍贵家具等的用材。

核桃雄花的茎可作蔬菜食用，人们普遍把它称作核桃花。核桃花的营养较为丰富，特别是蛋白质含量高达21%，钾、铁、锰、锌、硒及 β-胡萝卜素、核黄素、抗坏血酸、维生素E等含量也较高，是一种较好的天然营养保健食品资源，有的地方则作饲料用。一般在核桃树多而集中的产区，农民有传统的食用习惯，陇南“农家乐”则将核桃花作为特色菜招待八方来宾，所以很值得食品营养人士进一步研究开发利用。

核桃的花粉、嫩果实等，均具有重要的经济用途，如进行综合利用，都能获得可观的经济效益。

5. 生态经济价值

我国西部生态环境脆弱，有2/3的土地需要绿化整治，健全林业生态功能，但单纯营造生态林不能较快地给项目区人民群众带来直接的经济效益，而种植核桃树，可达到生态、经济双丰收的效果。

西部绝大多数地区的气候特点是少雨、干旱，蒸发量大，夏季干热，昼夜温差大，但日照充足且土地资源丰富。西部绝大多数地区土质疏松，沙性土壤多，虽然土壤有机质含量低、土质瘠薄，但基本上能满足核桃的生长需求。在耐旱的经济树种中，核桃是根深叶茂的乔木果树，百年生的实生核桃树可高达 15m 左右，其防风固沙、保持水土以及绿化和美化的生态效益毋庸置疑。

在核桃适宜区的退耕还林中推广实施既能治荒又能治穷的核桃产业，可以让项目实施区的群众在项目实施过程中首先获得实惠，不仅脱贫致富，而且还会更加积极、自觉地投入到核桃的生产中，使核桃产业实现可持续的良性循环。

1.1.3　生产发展现状

1. 栽培面积与产量

近年来，中国核桃种植面积达到 5000 万亩，产量过百万吨，总面积和产量均居世界第一位。我国西部核桃的种植面积和产量均在翻两番地上升，特别是甘肃、四川、河北、新疆的发展速度较快，这反映了我国农业产业结构有了较大的调整，农民发展核桃的积极性有了进一步提高。

在核桃栽培管理体制上，从 1978 年开始有了新的改变，特别是进入 21 世纪以来，经土地流转政策的运作，一些较大的公司、专业合作社、个体专业户开始承包土地和荒山进行核桃种植，规模较大，从几十公顷到几千公顷，同时技术和资金方面也很受重视，规模和效益不断提高。由于核桃新品种的育成，栽培面积进一步扩大，一些核桃基地县在整体规划中安排了少面积的林粮间作，核桃的生产模式向集约化经营迈进，特色经济效益较以往明显增加。

2. 栽培品种与密度

栽培核桃分实生核桃和良种核桃两大类，实生核桃的比例较大，面积约占总面积的 60% 左右，产量约占总产量的 80%；良种核桃主要是 20 世纪 90 年代以来才培育出，面积虽然约占 40%，但由于初结果产量比例较少，基本上属于礼品核桃。

依结果早晚，核桃分早实型和晚实型。早实型品种结果早，栽植嫁接苗当年即可开花结果，早期丰产性强，对土肥水管理、树体修剪、病虫害防治等栽培条件较严格；出仁率较高，一般为50% ~ 65%；壳较薄，有些品种缝合线结合较松，不易保存，尤其是栽培管理不善时。早期栽植的实生品种，果壳较厚，缝合线较紧，坚果易保存、品质较好，浅色仁比例较高，但出仁率较低，一般为44% ~ 55%。

晚实型品种相对结果晚，栽植嫁接苗3 ~ 5年开始结果，早期丰产性较差，对土肥水等管理条件要求不太严格，但结果寿命较长，抗病性较强。现在栽培品种和管理好的情况下，核桃品质较好，取仁容易，食者满意，很受消费者欢迎。

栽培密度较小的核桃园，一般株行距为(3 ~ 4) m×(4 ~ 6) m。栽培密度较大的核桃园，一般株行距为（4 ~ 5）m×(5 ~ 8）m。

3. 核桃园管理与经济效益

西部核桃栽培历史悠久，但传统的林粮间作或地埂核桃栽培，造成了长期粗放管理、重栽植轻管树的问题。过去用种子繁殖的晚实型核桃树寿命较长，病虫害较少，而且老树更新能力强，虽然结果较晚，但进入盛果期后仍有较好的经济收益。百年生核桃树常见，单株产量可达100多千克，经济寿命长达300多年。

进入21世纪以来，我国在20世纪90年代建立的规范化核桃品种园陆续开始结果，农民开始重视核桃园的管理，经济效益显著提高。如早实品种矮化密植园，由于结果早、丰产性较强，从第3年开始结果，第4年株产1 ~ 2kg，6年生树株产3 ~ 6kg，10年生树株产6 ~ 10kg，盛果期核桃园可达到亩产量200 ~ 300kg，亩产值达8000多元，投入产出比为1 ：（4 ~ 5）。

有些核桃园管理粗放，投入不够，致使优良品种的特性得不到充分体现，产品质量低下，有些成为小老树，树势逐渐减弱，影响了核桃园的持续经济效益，这应当引起栽培者的高度重视。

1.1.4 科学发展要求

1. 生产体制集约化

1985年农村土地管理体制改革以来，核桃树同其他树一样，树随地走，老树依然延续旧的管理模式。20世纪90年代以来，农民在自己的土地内建起了核桃品种园，由于农村人口多、土地少，核桃园面积很小，而且农户之间不完全连接，栽培很分散，栽植方向、密度、品种选择等均不规范，这给核桃园的科学管理带来很大不便。近年来核桃产区通过组建协会、合作社、公司与农户合作、专业户承包土地等各种形式，使土地集中流转管理，核桃养植实现了统一规划栽植、统一经营管理，大大提高了核桃园的经营效益。

2. 栽培品种良种化

核桃良种选育工作重视程度较高，通过20世纪50年代大范围资源良种普查和多次选优与杂交，鉴定和审定出核桃优良品种50多个，约20%为晚实型品种，80%为早实型品种。但由于核桃的繁殖技术在20世纪末得以攻克，所以核桃的无性繁殖后代出现较晚，数量较少，进入21世纪初才加快良种化的步伐。如从科学性的角度考虑，在一个核桃适生区内，主栽品种应当为4～6个，具有较严格的地区性和时间性的良种应有1～2个。一般来讲，早期选育的品种到现在不一定是良种，有许多需要淘汰，生产中应根据当地的条件选择不同类型的优良品种，并考虑早、中、晚熟品种的搭配以便于采收期的生产安排。

3. 技术管理标准化

过去在核桃栽培管理方面十分粗放，科技标准化培训较少，市场商品率很低，经营效益也较低，影响了农民发展核桃生产的积极性。现我国加强了标准化工作，先后颁布了若干个核桃生产管理的国家标准、行业标准和地方标准，这对我国核桃产业的发展十分有利。如果把各类核桃生产管理技术标准作为培训教材或资料，可使核桃生产管理技术指导有章可循，有利核桃产业的健康有序发展。

4. 商品标准化

核桃商品走国际化的道路是销售的总趋势。过去，我国核桃一直是出口创汇商品，近年来国内需求总量较大，出口数量有所下降。随着核桃产业的不断发展，核桃的产量和品质将会不断提高，产量的提高更加要求质量标准化，而质量的标准化是建立在核桃园标准化管理基础之上的。因此要销售核桃就要实现商品标准化，但这不是轻而易举的事情，需要集约化、集团军行动，将大规模生产与传统的小农经济相结合。各地政府和有关企业应高度重视核桃产业，做到科学安排、统筹管理、跨越式发展。

5. 建立永久化档案

建立完善的农事活动档案，包括生产过程中施用肥料、农药的情况以及其他栽培管理措施、自然灾害的发生情况等，并完整保存。

1.2 产地栽培条件要求

1.2.1 产地条件

1. 环境条件

核桃产地要求环境优良，在生长区域内没有工业企业的污染，水域上游、上风口没有污染源对该区域构成污染威胁，大气、土壤、水质均符合《绿色食品产地环境技术条件》NY/T391 的要求。同时应有一套持久的保证措施，确保该区域在今后的生产过程中环境质量不下降。

2. 气候条件

核桃喜光，适宜的年平均气温为 9 ~ 16℃，极端最低温度为 -25℃。如低于 -26℃，枝条和雄花芽均易受冻害，花期和幼果期气温下降到 -1℃时易受冻害而减产；如遇 38℃以上的高温干旱，果实易发生日烧，核仁不发育。核桃正常生长结果的年均无霜期应在 200 天以上，年降水量以 400 ~ 800mm 较为适宜，生长萌动日平均气温应达 9℃以上，开花坐果在 14℃以上。果实成熟采收期，温度高于 32℃时会降低核仁质量。

3. 土壤条件

核桃属于深根性树种，喜欢深厚肥沃的土壤，以土层深疏肥沃、供排水良好的缓坡地或平地最适宜核桃的栽培。活土层在 60cm 以上有利于核桃的丰产增收。

4. 地下水位

核桃园的地下水位应在地表 2m 以下，地下水位过高核桃根系无法分布。地势平坦、降雨集中、排水不良时，根系会因土壤水分过多通气不良，呼吸作用受阻而影响生长，严重时可使根系窒息，导致整株死亡。

1.2.2　生产资料与基础设施

1. 灌溉条件

年降水量在 500mm 以上，如雨量分布均匀，可以满足核桃年生长发育对水分的需要，否则全年至少须灌水 2 ～ 3 次。要求灌溉水和供水渠无污染，水质应符合《农田灌溉水质标准》GB5084 中的要求。排水不良或长期积水会造成核桃根系生长不良或窒息死亡。秋季雨水过多会引起外果皮早裂，种皮变色而发霉变质，影响核果质量。

2. 施肥条件

核桃喜肥，尤喜氮肥，适当在当年生长前期增施氮肥可以提高出仁率，增加生长量。合理的氮、磷、钾供应除增加产量外，还能改善核仁品质。但核桃在 6 月份以后氮肥施用量要科学把握，稍有过量就会造成枝梢徒长，推迟果实成熟，不利于安全越冬。

3. 生产力条件

园地选择时应考虑建园地点的交通运输条件，其中技术力量及产、供、销情况等综合条件都是生产力，在平地、低洼盐碱地带，应建立排水、排盐碱系统，为核桃正常生长发育创造良好的条件。

1.2.3　栽植与良种苗木要求

1. 栽培管理与模式

核桃园栽培品种化、管理园艺化是世界核桃生产发展的总趋势。西方发达国家核桃栽培管理水平较高，均为规范化核桃园，种植密度较小，一般较大的种植密度为 4m × 6m。如美国加利福尼亚州的核桃园立地条较好，具有灌溉条件，主栽品种确定，园艺化、机械化管理程度高，单位面积产量高。

2. 核桃园管理与经济效益

核桃园盛果期约 40 年左右。幼龄园在进入结实期前，有一个较长时间的管理阶段，需较多的投资。新建园要采取密植集约经营，以提升幼龄园管理效率，提高产量效能，使初结果园一般亩产达

200kg，盛果期园亩产达 300 ~ 350kg，高产园亩产达 500kg 以上。这种经营方式，即使在遇到恶劣气候和病、虫危害的年份，核桃产量也不会大幅度下降。

3. 适地适树栽植品种

良种良法是科学栽培的必然要求。从 21 世纪核桃产业的发展情况来看，大量栽培优良品种势头十足，但也出现了一些不可忽视的问题，如品种混杂、草率建园和放任不管等等。这里提出栽培品种严格化是非常重要的，如适宜水地栽培的品种栽在干旱半干旱丘陵区，适宜在干旱半干旱山区栽培的品种栽在川坝水地等等，由于不能正确选择良种良地，致使品种优良特性得不到应有的表现，晚霜危害严重甚至出现小老树和早期死亡的现象。因此核桃虽是适应性较强的品种，但出于产品质量和经济效益的考虑，一定要坚持适地适树、科学栽培的原则。

1.3 良种苗木繁育

凡从事核桃生产的栽培果农，都希望获得具有高产优质坚果、较高产仁量和产油量以及较高木材积蓄量等优点的各类新品种，但是要想获得这样的新型良种，就要通过繁育核桃良种嫁接苗木这一过程。

1.3.1 播种育苗技术

1. 采种及贮藏

(1) 采种

为确保种子质量，种用核桃应比商品核桃晚采收 3 ~ 5 天。

(2) 脱皮

育苗核桃不要漂洗，可直接将脱去青皮的坚果捡出晾晒，未脱青皮的堆沤 3 ~ 5 天后即可脱去青皮，难以离皮的青果则成熟度差，不宜做种子。

(3) 晾晒

种子要薄层摊在通风干燥处，不宜放在水泥地面、石板或铁板上受阳光直接曝晒，以免影响种子活力。

(4) 贮藏

核桃秋播的种子在采收后一个多月就可播种，有的可带青皮播种，晾晒也不需干透，而春播的种子贮藏时间则较长。多数地区以春播为主，种子贮藏时应保持5℃左右低温，空气相对湿度50%～60%，并适当通气，以保证种子经贮藏后仍有正常的活力。

2. 圃地选择与整地

苗圃地应选择地势平坦、土壤肥沃、土质疏松、背风向阳、排水良好、有灌溉条件的地方，且交通以方便为美，切忌选用撂荒地、盐碱地以及地下水位在地表1m以内的地方作苗圃地。此外，也不能选用重茬地，因重茬将造成必需元素的缺乏和有害元素的积累，从而降低苗木产量和质量。

圃地的整理是保证苗木生长和质量的重要环节。整地主要是对土壤进行深翻耕作，增加土壤的通气透水性，起到蓄水保墒、翻埋杂草残茬、混拌肥料及消灭病虫害的作用。由于核桃幼苗的主根很深，翻耕深度应达20～25cm，春耕宜15～20 cm；干旱地区宜深，多雨地区宜浅；土层厚时宜深，河滩地可浅。深耕要结合施肥及灌水进行，然后耙平供播种用。

3. 播前种子处理

(1) 鲜果秋播

青皮鲜果秋播，不需任何处理，可直接播种。

(2) 浸种处理

春季播种时，播种前应进行浸种处理，以确保发芽。用冷水浸泡种子5～7天，每天换一次水，或将盛有核桃种子的麻袋放在流水中。当核桃种子吸水膨胀裂口时即可播种。

(3) 层积催芽

将种子放于地面晾晒1天，然后放入铺有湿沙的畦内，再盖厚度约20cm的湿沙，最后在湿沙的上面盖上塑料布，四面压好，白天日晒，晚上盖上草帘保温。从层积开始，在正常天气下15天左右种子开始萌芽，即可开始选出萌芽的种子播种，未裂口萌动的种子再放入沙内贮藏，待发芽进行第二次播种，直至播种完毕。

4. 播种

（1）播种时期

可分为秋播和春播。秋播宜在土壤封冻前进行，一般在10月下旬至11月下旬。应注意秋播不宜过早或过晚，早播气温高，种子在湿土中易发芽或霉烂，且易受牲畜、鸟兽盗食；晚播土壤结冻，操作困难。秋播的好处是不必进行种子处理，春季出苗整齐，苗木生长健壮。

（2）播种间距

核桃的播种多为点播。苗圃地育苗时多先做成1 m宽的苗床，每床播2 ~ 3行，行距20 ~ 30 cm，株距10 ~ 15 cm。垄作时一般每垄宽30 ~ 40cm，播两行，株距10 ~ 15 cm。

（3）种子放置

放置种子时使种子缝合线与地面垂直，种尖向一侧摆放，这样出苗最好。

（4）播种量

播种量因株行距和种子大小及质量不同而异。若按苗床宽1m、每床3行、株距10cm计算，每亩需大粒种子300kg，中、小粒种子180kg；如株距15cm，每亩则需大粒种子200kg，中、小粒种子120kg。每亩可产苗6000 ~ 8000株。

5. 苗期管理

（1）补苗

当苗木大量出土时，应及时检查，若发现缺苗严重，应及时补苗，以保证单位面积的苗株数量。补苗的方法：可用水浸催芽的种子重新点播，也可将边行或多余的幼苗带土移栽。

（2）施肥

幼苗生长期间可进行根外追肥，用0.3%的尿素或磷酸二氢钾溶液喷洒叶面，每7 ~ 10天一次。

（3）灌水

一般来说，在核桃苗木出齐前不需灌水，以免造成土面板结。但在干旱降雨不足的情况下，还需要人工喷水增湿。降雨多的地区或季节，要注意排水，以防苗木在晚秋徒长或烂根死亡。

（4）除草

苗圃的杂草生长快，繁殖力强，与幼苗争夺水分和养分，有些杂草还是病虫的媒介和寄生场所。因此，苗圃地必须及时除草和中耕，应与追肥、灌水结合进行。

（5）防灼

幼苗出土后，如遇高温曝晒，其嫩茎先端往往容易焦枯，俗称“烧芽”或“日灼”。为了防止日灼，除注意播前的整地质量外，播后可在地面覆草，这样可降低地温、减缓蒸发，亦能增强苗势。

（6）防病

核桃苗木的病害主要有黑斑病、炭疽病、苗木菌核性根腐病、苗木根腐病等。防治方法除在播种前进行土壤消毒和深翻之外，对苗木菌核性根腐病和苗木根腐病，可用 10% 硫酸铜或甲基托布津 1000 倍液浇灌根部，或用生石灰撒于苗茎基部及根际土壤，对抑制病害蔓延效果良好；对黑斑病、炭疽病、白粉病等可在发病前每隔 10 ~ 15 天喷等量式波尔多液 2 ~ 3 次，发病时喷 70% 甲基托布津可湿性粉剂 800 倍液，防治效果较好。

（7）防虫

核桃苗木的主要虫害有刺蛾、金龟子、浮尘子等，应选择适宜时期喷洒 2.5% 溴氰菊酯 5000 倍液或 80% 敌敌畏乳油 1000 倍液或 50% 杀螟松 2000 倍液，以免虫体产生抗药性。

1.3.2　良种接穗的采集与处理

1. 选好采穗母树

采穗母树应为生长健壮、无病虫害的优良品种植株，选好后应及时做好标记。也可建立专门的采穗圃，采穗圃内的核桃树应是优良品种（品系）的嫁接树或高接树。由于接穗的质量直接关系到嫁接成活率的高低，因此，应加强对采穗母树和采穗圃的综合管理。

2. 剪取合格标准的枝接穗条

合格的枝接穗条标准是：枝接穗条为长 1m 左右、粗 1 ~ 1.5cm 的发育枝，枝条要求生长健壮、发育充实、髓心较小、无病虫害。芽接所用穗条应是木质化较好的当年发育枝，所采接芽应成熟饱满。

3. 接穗的采集、贮运及处理

（1）接穗的采集

枝接接穗的采集，宜于核桃落叶后到芽萌动前的整个休眠期间进行，但因各个地区气候条件不同，采穗的具体时间亦有所不同。北方核桃抽条现象严重（特别是幼树）和冬季或早春枝条易受冻害的地区，均宜在秋末冬初采集接穗。冬季抽条现象不严重和寒害轻微地区或采穗母树为成龄树时，可在春季芽萌动之前采穗，此时可随采随用或短期贮藏，由于接穗的水分充足，芽子处于即将萌动状态，嫁接成活率显著提高。接穗的质量最为关键，大田嫁接成活率低的主要原因就是接穗保存不善而导致失水。

芽接多为夏季，所用接穗可随用随采或短暂贮藏。贮藏时间越长，成活率越低，一般贮藏期不宜超过 5 天。

（2）接穗的运输

枝接所用的接穗最好在气温较低的晚秋或早春运输，高温天气易造成霉烂或失水，严冬运输接穗时应注意防冻。接穗运输前，先用塑料薄膜包好密封，远途运输时塑料包内要放些湿锯末或苔藓。铁路运输时，还需将包好的接穗装入木箱、纸箱内快运。

（3）接穗贮存

接穗就地贮藏过冬时，可在阴暗处挖宽 120cm、深 80cm 的沟，长度按接穗的多少而定，然后将标明品种的成捆接穗放入沟内。若放多层，接穗中间应掺加 10cm 左右的湿沙或湿土，于最上层再盖上厚约 20cm 的湿沙或湿土，土壤结冻后加厚到 40cm。如在土壤解冻前使用接穗，上面还要加盖草帘或玉米秸。核桃接穗贮存的最适温度为 5℃，最高不能超过 8℃，放在冷库和冰箱的接穗，应避免停电升温或过度降温，否则会严重影响嫁接成活率。

芽接所用的接穗，由于正值高温季节，对其的保鲜非常重要。采下接穗后，要用塑料薄膜包好，但应注意通气，不可密封，里面放些苔藓或湿锯末等，运到嫁接地后要及时打开薄膜，将接穗置于潮湿阴凉处，并经常洒水保湿。

（4）接穗处理

接穗的处理主要包括剪截和蜡封。接穗剪截的长度因嫁接方法而异，室内嫁接所用接穗一般长 13cm 左右，有 1 ～ 2 个饱满芽；室外枝接一般长 16cm 左右，有 2 ～ 3 个饱满芽。接穗上部第一芽应距离剪口 1cm 左右，一定要完整、饱满、无病虫害，以中等大小为好。发育枝先端部分一般木质疏松、髓心不充实，芽体虽大但质量差，不宜作接穗用。

1.3.3　嫁接方法

1. 劈接法

（1）砧木处理

适于树龄较大、苗干较粗的砧木。操作要点为：选用 2 ～ 4 年生、直径 3cm 以上的砧木，于地面 10cm 以上处锯断砧干，削平锯口，用利刀在砧木中间垂直劈入，深约 5cm，参见图 1-2（*a*）。

（2）削接穗

在接穗的一端，于两侧各削一对称的斜面，削面斜面长 4 ～ 5cm，然后迅速将接穗削面对齐形成层插入砧木劈口中。如接穗较砧木细，应使一侧形成层对齐插紧，参见图 1-2（*b*）和图 1-2（*c*）。

（3）绑扎

用塑料条将接口绑严，用地膜将整个接穗和接口包住，不能漏风，保持接穗和接口湿度，以利愈合，最后用报纸卷一圆筒遮阴促愈合，参见图 1-2（*d*）。

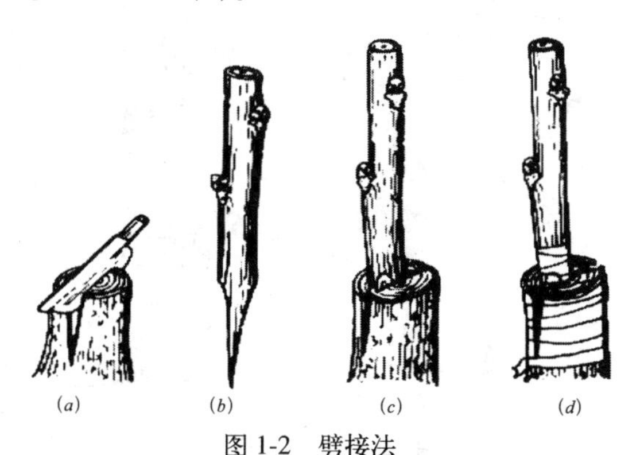

图 1-2　劈接法

（*a*）砧木切削；（*b*）接穗切削；（*c*）插入接穗；（*d*）接口包扎

2. 插皮舌接法

(1) 砧木处理

选适当位置锯断或剪去砧木树干，削平锯口，然后选砧木光滑处由上至下削去老皮，削口长 5 ~ 7cm、宽 1cm 左右，露出皮层（图 1-3（*a*））。

(2) 削接穗

在削接穗时削成长 6 ~ 8cm 的大削面，刀口一开始向下切凹并超过髓心，然后斜削，保证整个斜面薄度，用手指捏开削面背后皮层，使之与木质部分离，再将接穗的木质部插入砧木削面的木质部与皮层之间，使接穗的皮层盖在砧木皮层的削面上（图 1-3（*b*）、（*c*））。

(3) 绑扎

用塑料条绑紧接口，然后用地膜将整个接穗和接口包住并用报纸遮阴（图 1-3（*d*））。

此法需将皮层与木质部分离，故需在皮层容易剥离、伤流较少时进行。注意嫁接前不要灌水并在接前 3 ~ 5 天预先环锯砧木放水，以避免伤流液过多影响嫁接成活率。此法亦可用于大树高接换优。

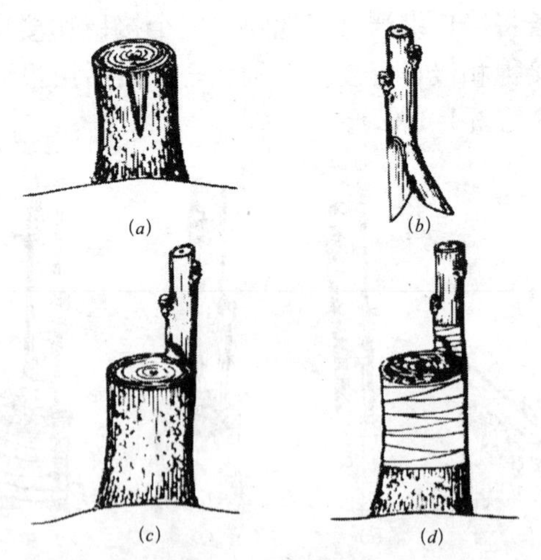

图 1-3　插皮舌接法

(*a*) 砧木切削；(*b*) 接穗切削；(*c*) 插入接穗；(*d*) 接口包扎

3. 皮下接

（1）砧木处理

剪断或锯断砧干，削平锯口，在砧木光滑处，由上向下垂直划一刀，深达木质部，长约1.5cm，用刀尖顺刀口向左右挑开皮层，如接穗太粗，不易插入，也可在砧木上切一个3 cm左右上宽下窄的三角形切口（图1-4（*a*））。

（2）削接穗

先将接穗一侧削成一个大削面，向下切时超过中心髓部，然后斜削,削面长6 ～ 8cm。再削另一侧时是在两侧轻轻削去皮层，即将大削面背面往下0.5 ～ 1.0cm处之下的皮层全部切除，露出木质部（图1-4（*b*））。

（3）对接

将接穗顺刀口插入，直接将接穗的木质部插入砧木的皮层与木质部之间，使二者的皮部相接（图1-4（*c*））。

（4）绑扎

用塑料条将接口绑严，嫁接后用地膜将整个接穗和接口包住并用报纸遮阴，方法同劈接法（图1-4（*d*））。

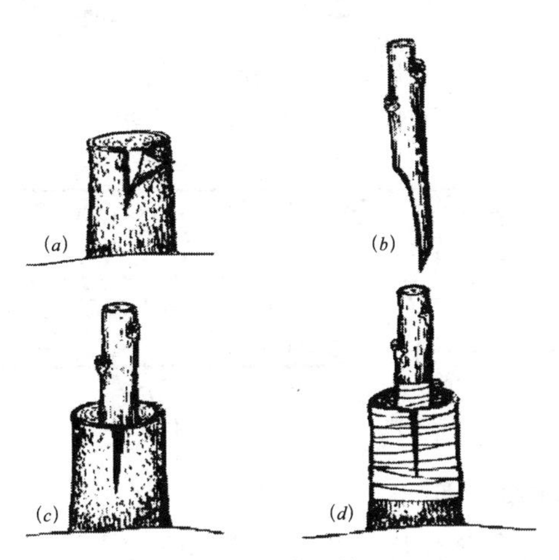

图1-4　皮下接

（*a*）砧木切削；（*b*）接穗切削；（*c*）接入接穗；（*d*）接口包扎

4. 方块形芽接法

(1) 砧木处理

先在砧木上切一方块，将树皮挑起，再按回原处，以防切口脱水干燥 (图 1-5（*a*）)。

(2) 削接芽

在接穗上取下与砧木方块大小相同的方形芽片，并迅速镶入砧木切口，使芽片切口与砧木切口密接 (图 1-5（*b*)、(*c*）)。要求芽片长度不小于 4cm，宽度 2 ~ 3cm，芽内维管束的芽肉保持完整。此法使用双刃芽接刀效果好（图 1-6)。

(3) 绑扎

用备好的薄膜条绑严紧即可（图 1-5（*d*))。

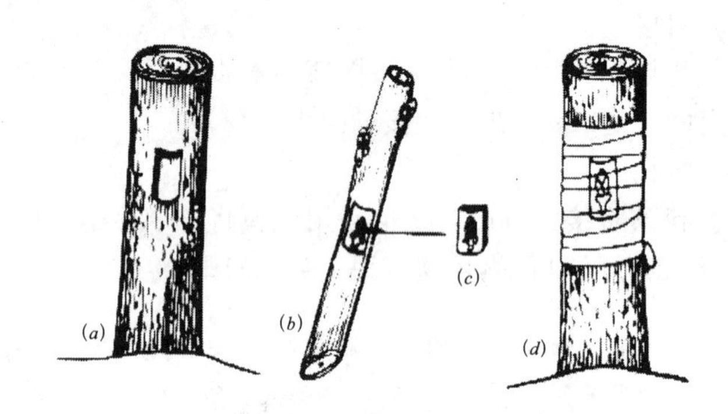

图 1-5　方块形芽接法

（*a*）切砧木；(*b*) 切接穗；(*c*) 芽片；(*d*) 绑缚

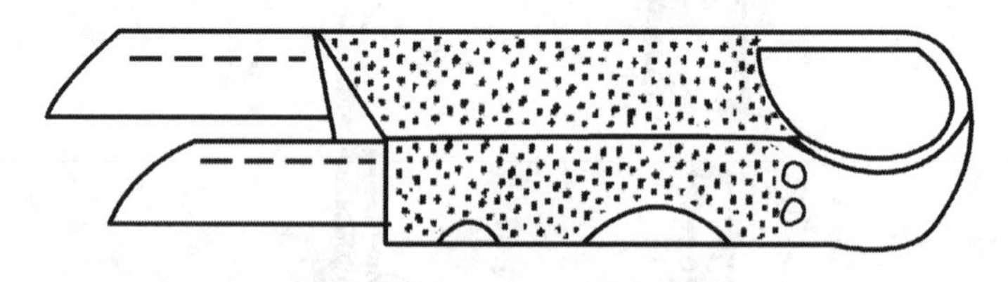

图 1-6　双刃芽接刀

1.3.4　嫁接苗管理

从嫁接到完全愈合及萌芽抽枝需 30 ~ 40 天的时间，为保证嫁接苗健壮生长，应加强管理。

1. 谨防碰撞

刚接好的苗木接口不甚牢固，最忌碰撞造成的错位或劈裂。应禁止人畜进入，管理时注意勿碰伤砧木和接穗。

2. 除萌

接后 20 天左右，砧木上易萌发大量嫩芽，应及时抹掉，以减少养分消耗影响接芽的萌发和生长。除萌宜早不宜晚，当接芽新梢长到 30cm 以上时，砧芽很少再萌发。

3. 剪砧及复绑

一般芽接时砧木未剪或只剪去一部分，但是在芽接后，要在接芽以上留 1 ~ 2 片复叶剪砧。如果嫁接后可能有降雨和高温天气发生时，可暂不剪砧，接后 5 ~ 7 天可剪留 2 ~ 3 片复叶，到接芽新梢长到 10cm 左右时，再从接芽以上 2cm 处剪除砧木。此外，芽接后 10 ~ 12 天，须另换塑料条复绑，这对接芽成活和生长有利。

4. 解除绑缚物

室外枝接的苗木，因砧木未经移栽，生长量较大，可在新梢长到 30cm 以上时解除绑缚物。而室内枝接和芽接苗木生长量较小，绝大部分可在建园栽植时解绑，以防起苗和运输过程中接口劈裂。

1.3.5　苗木出圃与分级

1. 出圃时间与要求

核桃幼苗越冬“抽条”现象严重，宜在秋季控制水分以限制生长，落叶之后出圃假植，春季再栽。对于较大的苗木或抽条轻微的地区，可在春季解冻之后、芽萌动之前起苗，随起随栽。

核桃是深根性树种，起苗时根系容易受损，且受伤之后愈合能力差，因此，起苗时根系的质量对核桃的栽植成活率影响很大，要求在起苗前一周要灌一次透水，使苗木吸足水分，而且这样也便于起苗。

应选择壮苗进行出土。要求 1 年生实生苗主根长度在 25cm 以上。2 ~ 3 年生嫁接苗主根长度在 30cm 以上、根幅宽 30cm 以上为壮苗。

2. 起苗方法

在起苗过程中，根未切断时，不要用手硬拔，以防劈裂。掘出的苗木如不能马上运走，必须临时假植。避免在大风或下雨天起苗。

3. 根系修剪

苗木掘出后，要对地上部分和根系进行适当修剪，地上部分修剪要与整形相结合，地下部分主根受伤处要剪平，侧根过长应短截。同时剪除所有劈裂、折伤和病虫害根，剪口要平，这样有利于刺激新根的形成，以便再次生成发达的根群。作砧木用的实生苗要求根系发达完整、生长健壮、无病虫害。用于室内苗砧嫁接的实生苗除以上条件外，根颈处要通直，直径达 1 ~ 2cm 以上。

4. 苗木分级

为保证出圃苗木的质量和规格，提高建园时苗木的栽植成活率和整齐度，就要进行苗木分级。核桃苗木分级的标准要根据嫁接苗而定。实生苗因商品价值低，无需确定苗木等级。嫁接合格苗的要求是：接口牢固、愈合良好、接口上下的苗茎粗度要接近；苗茎要通直、充分木质化、无冻害风干、无机械损伤以及病虫危害等；苗根的劈裂部分粗度在 0.3cm 以上时要剪去。核桃嫁接苗的质量等级划分可参考表 1-1。

核桃嫁接苗质量等级 **表 1-1**

等　　级	Ⅰ级	Ⅱ级
嫁接部位以上高度（cm）	≥ 60	30 ~ 60（包含 30）
嫁接处上方直径（cm）	≥ 1.2	0.9 ~ 1.2（包含 0.9）
主根长度（cm）	≥ 25	15 ~ 25（包含 15）
＞ 5cm 长的Ⅰ级侧根条数（个）	≥ 15	10 ~ 15（包含 10）
根幅（cm）	≥ 30	25 ~ 30（包含 25）

1.3.6　苗木包装和运输

1. 打捆、包装、挂标

根据苗木运输要求，嫁接苗每 25 株或 50 株打成一捆，不同品种苗木要按品种分别包装打捆，然后装入湿蒲包内，喷上水。填写标签，挂在包装外面明显处，标签上要注明品种、等级、苗龄、数量、起苗日期等。

2. 检疫、运输

苗木外运时，最好在晚秋或早春气温较低时进行。外运的苗木要履行检疫手续。长途运输时要加盖篷布，途中要及时喷水，防止苗木干燥、发热、发霉和冻伤。

3. 临时假植

起苗后不能立即外运或栽植时，要进行假植。苗木外运达目的地之后，如不能马上定植，应立即将捆打开进行假植。假植根据时间长短分为临时假植（短期假植）和越冬假植（长期假植）。临时假植时间短，一般不超过 10 天，只要用湿土埋严根系即可，干燥时及时洒水。

假植时选择地势较高燥、排水良好、交通方便、不易受人畜危害的地方挖假植沟。沟的方向应与主风向垂直，沟深 1m 以上、宽 1.5m 以上，长度依苗木数量而定。假植时，在沟的一头先垫一些松土，苗木斜放成排，呈 30° ～ 45° 角，埋土露梢。然后再放第二排苗，依次排放，使各排苗呈覆瓦状排列。当假植沟内土壤干燥时应洒水，假植完毕后，埋住苗顶。土壤结冻前，将土层加厚到 30 ～ 40cm 以上，春天转暖后及时检查，以防霉烂。

1.4　规划建园与幼园间作套种

1.4.1　园地规划设计

1. 园地选址

适地适树是建园成败的关键，园地选择的好坏，直接关系到核桃能否正常生长与挂果，能否丰产稳产长寿。核桃是个喜光、喜温、喜肥水，怕风、怕冻、怕晚霜的树种，故核桃园应选择背风向阳、土层深度在2m以上、海拔在700～1600m之间的坡地、梯田或平地。核桃在土层浅、地下水位高的地区和红胶泥、白干土壤上生长不良，这些地方不宜建园。

2. 品种选择

品种选择是关系核桃树能否生存、丰产、高产的关键因素，一定要根据园地的立地条件选择适合的优良品种，即因地制宜选品种。一般情况，在立地条件较差的干旱的山坡地，宜栽植晚实品种，而有灌溉条件的梯田、平地，又具有较高园艺化栽培技术和管理水平，多栽植早实品种。但无论早实品种还是晚实品种，建园时一定要在专业技术人员的指导下搞好授粉树的配置。经常栽植的早实品种有'香玲'、'中林1号'～'中林5号'、'薄丰'、'温185'、'扎343'、'西扶2号'、'西林2号'、'薄壳香'等20余种，晚实品种有'晋龙12号'、'西洛1号'、'西洛2号'、'西洛3号'、'晋薄2号'、'礼品1号'及一些优良地方品种等。

3. 适地适树定密度

第一，要根据立地条件来确定栽植密度。山区坡埂地建立核桃园一般栽植密度应小些，而肥水条件好的梯田及平川区建立核桃园，栽植密度应大些。

第二，要根据核桃树特性来确定栽植密度。一般晚实品种栽植密度应小些，早实品种栽植密度宜略大些。

第三，要根据经营水平来确定栽植密度。集约化经营的栽植密度宜大些，经营粗放的核桃园栽植密度宜小些。

第四，应根据经营方式来确定栽植密度。林粮间作的密度要小些，一般为每亩10株左右，株行距为6m×10m或8m×8m；成片栽植的核桃园密度应大些，一般每亩20株左右，株行距为5m×6m或5m×7m。早实高密园艺化栽培管理的核桃园，栽植密度最大，一般每亩40～80株，株行距为3m×5m、3m×4m、2m×5m、2m×4m。以采穗为主的核桃园，每亩栽植宜80～100株，株行距为2m×4m、2m×3m。

4. 重视园貌

在规划设计与实施建园中，应充分利用美学、光学等原理，必须重视园貌的美观。在地势平坦、面积较大的地块，栽植穴既要“纵成行、横成样、斜成线”，又要力求南北成行。在地形复杂、坡面起伏、坡度较大的地块，布点要以水平线为行轴。在坡陡的山地，要考虑水土保持工程措施，注意园貌的美观，绝对不能片面追求整齐划一而忽视当地的地形地貌，使水土保持和改土施肥难以开展，导致小老树、早衰园和劣质低产园不同程度地出现，给生产和管理带来诸多不便。

1.4.2　开垦、整地、定植

1. 开垦整地

开垦整地是核桃园丰产高产的基础，许多核桃适生区基本无灌溉条件，因此，整地栽植应紧密结合雨季的变化来进行。整地标准应以立地条件的不同而定，一般情况下，坡地应以鱼鳞坑或小平台方式来整地，平地应以穴状麻钱形方式进行，穴的大小标准为坡地为0.8m×0.8m×0.8 m，平地为1m×1m×1 m，生土做埂，熟土回填，在回填熟土时应结合施肥一起进行，每穴施入农家肥50kg左右、磷肥1kg，将肥料与土壤拌匀，以免烧坏苗木根系。

2. 栽植要求

栽植时间分春、秋两季，但以秋栽最佳。一是秋栽时正为雨季，降水量较多，栽植成活率高；二是秋栽根系恢复快，第二年春发芽早、幼苗长势好。无论春栽还是秋栽，都应做到“秋栽晚，春栽早，栽后及时把水浇”。要求栽植时做到“三不、四随”，即：起苗不伤根，运苗不露根，栽苗不窝根；随起、随运、随栽、随浇水。

3. 定植方法

栽植时先解开绑带，再剪去伤根，使根系舒展；向栽植穴内填入少量熟土，然后放苗木进穴，再填入熟土，盖好根系；浇入足量水，等水下渗后，再填土到地平面，切忌把苗木栽植过深。

4. 配置授粉树种

以往核桃苗木均为实生繁殖，株间差异较大，雌、雄花期无需考虑，而今成为品种栽植，就必须配置授粉树。主栽品种与授粉品种配置比例应为（4～5）：1。如以‘香玲’为主栽品种，可配‘元丰’作为授粉品种。若南北行栽植，每4～5行‘香玲’栽1行‘元丰’。授粉品种与主栽品种相隔距离在100 m左右即可。

1.4.3 幼园裸露地间作套种

1. 适宜与核桃套种间作的作物

利用荒山滩地营建核桃园，大多立地条件差、肥力较低，这类园应该间作绿肥或豆类作物，以增加土壤有机质、改善土壤结构、提高肥力。核桃幼园可间作的植物种类较多，如花生、薯类、豆类、药材、苗木、蔬菜等低秆类作物，都能取得很好的收益。在水肥条件好的地块，可以实行果粮间作。

2. 利用树荫培养食用菌

在食用菌、药用菌适宜生长的核桃园区，对立地条件比较好的幼园或密植园，园内树冠接近郁闭的，树冠下面和行间荫蔽少光，不适宜间种作物，可以培养食用菌来增加收入。

3. 间作物的施肥

在给间作物施肥时，应选用符合《绿色食品肥料使用准则》NY/T394的肥料，进行科学施肥。应以有机肥料为主，如腐熟的厩肥、堆肥和饼肥以及绿肥等，同时配合施用适量化肥。

1.5 田间管理

1.5.1 土壤管理与水土保持

1. 监测改土与中耕除草

（1）土壤监测检验

定期监测土壤肥力水平和重金属元素含量，要求每3年检测一次。根据检测结果，有针对性地采取土壤改良措施。

（2）土壤翻耕

土壤翻耕的方法包括深翻法和浅翻法两种：

①深翻法：隔年沿着大量须根分布区的树冠垂直投影边缘向外扩宽40～50cm，深度为60cm左右，挖成围绕树干的半圆形或圆

形沟，然后，将表层土混合基肥、绿肥或秸秆放在沟的底层，而底层土放在上面，最后大水浇灌。深耕时注意不要伤根过多，尤其应避免伤及根径在1cm以上的粗根。翻耕时间可在深秋、初冬结合施有机堆肥或夏季结合压绿肥、秸秆进行。

②浅翻法：适用于土壤条件较好或深耕有困难的地方，方法是人工挖刨和机械翻耕，每年春或秋季进行1次，深度为20～30cm。可以树干为中心，在2～3m半径范围内进行。

（3）中耕除草

中耕的主要作用是改善土壤温度和通气状况，消灭杂草，减少养分、水分竞争，造就深、松、软、透气和保水保肥的土壤环境，以促进根系生长，提高核桃园的生产承载能力。中耕在整个生长季中可进行多次。

2. 核桃不同龄期的土壤管理

土壤管理是核桃栽培管理中的一个重要环节，因树龄不同，其管理的侧重点亦有所不同。

（1）幼龄园

幼树定植2～3年后，要给予核桃树充足的营养和精细的管理。可逐年向外深翻扩大栽植穴，直至株间全部翻遍为止，同时应结合全园深翻施入有机肥料。

幼龄核桃园，尤其是定植后的五六年内，为了促进幼树生长发育，应及时除草和松土。杂草不仅和幼龄核桃树争水争肥，而且容易招惹病虫。核桃树最怕草荒，要实现丰产、稳产和优质，一般每年需锄草3～4次，最好做到“有草必锄，雨后必锄，浇后必锄”。这样可以增加土壤透气性和保墒能力，防止土壤板结。

（2）成龄园

土壤翻耕熟化是成龄园改良土壤的重要措施。翻耕可以熟化土壤、改良土壤结构、提高保水保肥能力、减少病虫害，进而达到增强树势、提高产量的目的。尤其是盛果期大树，其根系交错密布且伸展面积大，从早期开始连年翻耕，可使水平大根在深土层发育，如不及时翻耕，会造成土壤通气不良和理化性质恶化，从而影响根系的正常生长，导致树势衰弱、产量下降。成龄核桃园土壤翻耕时采用深翻法和浅翻法均可。

(3) 老龄园

核桃树龄达到 50 ~ 60 年以后，逐渐进入老龄，树势开始衰弱，结果量逐年减少，大、中枝条开始枯亡。如加强土肥管理，进行深翻更新根条，一般 3 年树势明显恢复，4 年后获得可观产量。

3. 水土保持措施

山地核桃园有一定坡度，水土流失较严重，尤其在大暴雨过后，会冲走大量沃土和有机质，使土层变薄、肥力下降，严重时可使核桃根系外露、树势衰弱、产量下降。为此，这种园必须采取有效的水土保持措施，修建梯田、撩壕及鱼鳞坑，严防水土流失。

1.5.2 有机肥堆制方法

为了解决有机肥极缺的问题，就要掌握有机堆肥的堆制技术，利用菌物学生物技术原理，让微生物发酵分解作物秸秆、杂草、树叶、人畜粪便等，使其转化为核桃植株可利用的有机营养。有机肥堆制方法不难，可在地表堆制，也可挖掘深坑堆制，亦可挖一个浅坑堆制。

1. 总体堆制要求

将人畜粪尿、秸秆、杂草、泥炭、骨粉、菜籽饼等原料随机分层堆起，秸秆、杂草应铡碎，外表面盖一层土，经过 50℃以上 6 ~ 8 天的发酵，并翻一次重新再堆起。如若腐烂程度不均匀，可再按情况增添发酵原料，继续堆制 10 ~ 20 天，以杀灭各种寄生虫卵、病原菌以及杂草种子，去除有害物质。

2. 高温堆肥卫生标准

最高堆温 50 ~ 55 ℃，堆制完成后，蛔虫卵死亡率 95% ~ 100%，堆肥里外没有苍蝇滋生的活蛆、蛹或新羽化的成蝇。

3. 堆肥腐熟度鉴别指标

堆肥腐熟时秸秆变成褐色或黑色，有黑色汁液和氨臭味，铵态氮含量显著增高。用手握堆肥时秸秆柔软、潮湿，有机质失去弹性和硬度。取腐熟的堆肥加清水搅拌后（肥、水比例一般为 1：(5 ～ 10)），放置 5 分钟，堆肥浸出液颜色呈淡黄色。腐熟的堆肥，其体积比初堆时塌陷 1/3 ～ 1/2。C/N(碳氮比)一般为(20 ～ 30)：1，腐殖化系数 30% 左右。

1.5.3　施肥标准

1. 幼龄期

从建园定植开始到开花结果前均是核桃树的幼龄期，早实核桃品种一般 2 ～ 3 年，晚实核桃品种一般 3 ～ 5 年，实生种植苗可在 2 ～ 10 年不等。此期，营养生长占据主导地位，核桃树冠和根系快速地加长、加粗生长，为迅速转入开花结果积蓄营养。此期栽培管理和施肥的主要任务是促进树体扩根、扩冠，加大枝叶量。幼龄期应大量满足树体对氮肥的需求，同时注意磷、钾肥的施用。

2. 初结果期

初结果期是指核桃开始结果至大量结果且产量相对稳定的一段时期。栽培管理和施肥的主要任务是：保证植株良好生长，增大枝叶量，形成大量的结果枝组，树体结构逐渐成形。此期对氮肥的需求量仍很大，但要适当增加磷、钾肥的施用量。

3. 盛果期

此期是核桃树大量结果时期。应加强施肥、灌水、植保和修剪等综合管理，调节树体营养平衡，防止出现大小年结果现象，并延长结果盛期的时间。因此，树体需要大量营养，除氮、磷、钾肥外，增施有机肥是保证高产稳产的措施之一。

4. 衰老期

此期核桃果实减少，产量下降，新梢生长量极小，骨干枝开始枯竭衰老，内部结果枝组大量衰弱，直至死亡。主要的管理任务是通过修剪对树体进行更新复壮，同时加大氮肥量，促进营养生长，恢复树势。

实际操作时，核桃园施肥标准需综合考虑具体的土壤状况、个体发育时期及品种的生物学特点来确定，可参照表 1-2 灵活执行。

核桃园施肥时期及标准　表 1-2

时期	树龄（年）	每株树平均施肥量（有效成分）(g)			有机肥（kg/株）
		氮	磷	钾	
幼树期	1 ~ 3	50	20	20	5
	4 ~ 6	100	40	50	5
结果初期	7 ~ 10	200	100	100	10
	11 ~ 15	400	200	200	20
盛果期	16 ~ 20	600	400	400	30
	21 ~ 30	800	600	600	40
	＞30	1200	1000	1000	＞50

1.5.4　不同肥料的施用方法

1. 基肥

基肥可以秋施也可以春施，但一般以秋施为好。秋季核桃果实采收前后，树体内的养分被大量消耗，并且根系处于生长高峰，花芽分化也处于高峰时期，急需补充大量的养分。同时，此时根系旺盛生长有利于吸收大量的养分，光合作用旺盛，树体贮存营养水平提高，有利于枝芽充实健壮，增加抗寒力。秋施基肥宜早，过晚不能及时补充树体所需养分，影响花芽分化质量。一般核桃基肥在采收前后（9 月份）施入为最佳时间。施基肥以有机肥为主，加入部分速效性氮肥或磷肥。可以采用环状施肥、放射状施肥或条状沟施等方法，但以开沟 50cm 左右为宜，或结合秋季深翻改土施入最好。施肥时一定要注意全园普施、深施，然后灌足水分。

2. 追肥

追肥是为了补充树体在生长期急需的养分而施的以速效性肥料为主的肥料，特别是生长期中的几个关键需肥时期，它是基肥的必要性补充。追肥的次数和时间与气候、土壤、树龄、树势及物候期紧密相关。高温多雨地区、砂质壤土、肥料容易流失地区，追肥宜少量多次；树龄幼小、树势较弱的树，也宜少量多次追肥。幼龄核桃树每年追肥2～3次，成年核桃树以每年追肥3～4次为宜。

第一次追肥。根据核桃品种及土壤状况追春肥，早实型核桃一般在雌花开放以前，晚实型核桃在展叶初期的4月上中旬施入。肥料以速效性氮肥为主，如硝酸铵、磷酸氢铵、尿素，或者是果树专用复合肥料。放射状施肥、环状施肥、穴状施肥均可，施肥深度应比施基肥浅，以20cm左右为佳。

第二次追肥。早实型核桃开花后、晚实型核桃展叶末期追夏肥，具体5月下旬至6月上旬施入。肥料以速效性氮肥为主，增施适量的过磷酸钙、磷矿粉和硫酸钾、氯化钾、草木灰等。

第三次追肥。结果期核桃6月下旬硬核后施入，以磷肥和钾肥为主，适量施氮肥。如果以有机肥进行追肥，要比速效性肥料提前20～30天施入，有机肥以鸡粪、猪粪、牛粪等为主，施用后的效果会更好。

第四次追肥。果实采收以后施入。这是由于果实的发育消耗了树体内大量的养分，花芽继续分化也需要大量的养分。应及时补充土壤养分，以调节树势，提高花芽分化质量，增加树体养分积累，增强树木抵抗不良环境的能力，尤其是抗寒能力，以顺利过冬。

3. 叶面施肥

叶面施肥通常又称根外追肥，是土壤施肥的一种辅助性措施。它是将一定浓度的肥料溶液用喷雾工具直接喷洒到枝叶上，从而提高果实质量、增加果实数量的一种施肥方法。根外追肥成本低，操作简单，肥料利用率高，效果好，是一种经济有效的施肥方式。一般根外施肥宜在上午8～10点或下午4点以后进行，阴雨或大风天气不宜进行，如遇喷肥15分钟之后下雨，在天气变晴以后补施一遍最好。

根外追肥在生长期的前期浓度可适当低些，后期浓度可高些，在缺水少肥地区次数可多些。一般可喷施0.3%～0.5%尿素、过磷酸钙、磷酸钾、硫酸铜、硫酸亚铁、硼砂等肥料，以补充氮、磷、钾等大量元素和其他微量元素。花期喷硼肥可以提高坐果率；5～6

月份喷硫酸亚铁可以使树体叶片肥厚以提高光合作用；7 ～ 8 月喷硫酸钾可以有效地提高核仁品质。

1.5.5 水分管理

在核桃生产中，水分管理是综合管理中的一项重要措施，正确把握灌水的时间、次数和用量，对核桃的丰产高产显得十分重要。有灌溉条件的核桃园，应在发芽前、花后、硬核期、核仁发育期结合追肥灌水，10 月下旬施基肥后灌水，全年灌水 4 ～ 5 次。

1. 需水特征与成因

核桃属于需水量较多的树种。水分通过根系从土壤中吸收，然后被运送到树体的各器官细胞中，由于细胞膨压的存在，才使各器官保持其各自的健康形态。核桃对空气的干燥度不敏感，却对土壤的水分状况比较敏感。在长期晴朗干燥、日照充足和较大昼夜温差的情况下，只要满足水分需求，就能促进核桃开花结实，提高产量和果仁品质。

植物的光合作用、蒸腾作用、养分的吸收和运转都离不开水，必须有水的参与树叶才能持续地进行光合作用，没有水，就没有树体的生命活动，产量也就得不到保证。土壤过旱或过湿，均会对树体生长和结实产生不良影响。核桃幼龄期树木生长季节前期干旱、后期多雨，枝条易徒长，会造成越冬抽条；土壤水分过多会造成通气不良，根系的呼吸作用将受阻。生产中应根据核桃树体的代谢规律，进行科学灌水和排涝，才能保证根、枝、叶、花、果的正常形成和生长，达到核桃优质高效生产的目的。一般年降水量在 600 ～ 800mm 且降水量分布均匀的地区，可以满足核桃生长发育的需要，不需要灌水。但在降水量不足或者年分布不均的地区，就要通过灌水措施补充水分。

2. 灌水关键期

（1）萌芽开花水

3 ～ 4 月树体需水较多，经过冬季的干旱和蓄势，核桃又进入芽萌动阶段且开始抽枝、展叶，此时的树体生理活动变化急剧而且迅速，一个月时间要完成萌芽、抽枝、展叶和开花等过程，需要大量的水分。此期如果缺水，就会严重影响新根生长、萌芽的质量、抽枝快慢和开花的整齐度，因此，每年要灌透萌芽水。

（2）开花后期水

5 ~ 6 月核桃雌花受精后，果实进入迅速生长期，占全年生长量的 80% 以上，同时，雌花芽的分化已经开始。这两项生命活动均需要大量的水分和养分，此时是全年需水的关键时期，干旱时要灌透花后水。

（3）花芽分化水

7 ~ 8 月核桃树体的生长发育比较缓慢，但是核仁的发育刚刚开始，并且急剧而迅速，同时花芽的分化也正处于高峰时期，均要求有足够的养分、水分供给。通常核桃的这一时期正值北方的雨季，不需要进行灌水，如遇长期高温干旱的年份，需要灌足水分，以免此期缺水，给生产造成不必要的损失。

（4）土壤封冻水

10 月末至 11 月落叶前，树体需要进行调整，应结合秋施基肥灌足封冻水。这样一方面可以使土壤保持良好的墒情，另一方面，此期灌水能加速秋施基肥的分解，有利于树体吸收更多的养分并进行贮藏和积累，提高树体新枝的抗寒性，也为越冬后树体的生长发育储备营养。

3. 灌水方法

（1）沟灌

沟灌又叫浸灌，其优点是灌溉水经沟底和沟壁渗入土中，对核桃园土壤浸润较均匀，且不会破坏土壤结构，是灌溉常用的一种方法，缺点是需水量较大。

（2）喷灌

喷灌是利用机械将水喷射呈雾状进行灌溉。喷灌的优点是节省用水，能减少灌水对土壤结构的不良影响，工效高，喷布半径约 25m。一般在夏季喷灌能降低果园空气温度 2.0 ~ 9.5℃，降低地表温度 2 ~ 19℃，提高果园空气湿度 15%。喷灌也适用于地形复杂的山坡地。喷灌的设备既可以是水源、动力机械和水泵构成的固定的泵站，也可以利用有足够高度的水源与干管、支管相连接，干管、支管埋入土中，喷头装在与支管连接的固定竖管上。

(3) 滴灌

滴灌又叫滴水灌溉，是将具有一定压力的水，通过一系列管道和特制的毛管滴头，一滴一滴地渗入核桃树根际的土壤中，使土壤保持最适于植株生长的湿润、通气状态。滴灌还可结合施肥，不断地供给根系养分。滴灌比喷灌节省用水50%，滴灌不会产生地面水层和地面径流，不破坏土壤结构，土壤不会板结或过干、过湿。一个滴头流量2.4L／小时，每株4个滴头，连续15小时可滴水145kg，滴灌可达40～50cm深、200cm宽，土壤含水量可达田间最大持水量的70%～80%。虽然滴灌需要管材多，投资较大，但生产效果好，建议广泛普及应用。

4. 园区雨水集蓄利用

在干旱少雨的地区，雨量分布不均匀，大多集中在6～8月，有限的水也会存在大量的流失，所以要加强对园区雨水的集蓄利用。应在核桃栽培区修建水窖，集蓄、保存和利用雨水，提高核桃产量和品质。

5. 薄膜覆盖保墒

一般在春季的3～4月份进行，最好是春季追肥、整地、浇水或降雨后，趁墒覆盖地膜，薄膜四周要用土压实，最好使中间稍低以利于汇集雨水，覆盖时可顺行覆盖或只在树盘下覆盖。覆膜能减少土壤水分蒸发，提高根际土壤含水量，盆状覆膜还具有良好的蓄水作用；覆膜能提高土壤温度，有利于早春根系生理活性的提高，促进微生物活动，加速有机质分解，增加土壤肥力；在干旱地区覆膜还能明显提高幼树栽植成活率，促进新梢生长，有利于树冠迅速扩大，所以对新植的幼树覆地膜尤为重要。

6. 果园覆草保水

覆草技术是指用小麦秆、油菜秆、玉米秆、稻草等农副产物和野草覆盖核桃园的方法。在园中进行覆盖，能增加土壤中有机质含量，调节土壤温度（冬季升温、夏季降温），减少水分的蒸发与径流，提高肥料利用率，控制杂草生长，避免秸秆燃烧对环境造成的污染，提高果实品质。

覆草一年四季均可，以夏季5月份为好，提倡树盘覆草，用草量 1500kg 左右，覆草厚度以 5cm 为宜，并在草上进行点状压土，以免被风吹散或引起火灾。覆草时注意新鲜的覆盖物最好经过雨季初步腐烂后再用，覆草后不少害虫栖息草中，应注意向草上喷药，起到集中诱杀效果，秋季应清理树下落叶和病枝，防止早期落叶病、潜叶蛾、炭疽病等的发生。

7. 排水方法

核桃树对地表积水或地下水位过高均较敏感，积水可影响土壤通透性，造成核桃根部缺氧窒息，妨碍根系对水分和无机盐的正常吸收，如积水时间过长，叶片会萎蔫变黄，严重时根系死亡。此外，地下水位过高，会阻碍根系向下伸展。栽植在平川地带、低洼地区和河流下游地区的核桃树，地表往往会有积水或者地下水位太高，将严重影响核桃树的正常生长发育，应及时进行排水，以免对树体造成不利的影响或降低产量。在雨季来临前，要理通排水沟，降低土壤含水量，以减少病虫害的发生。

1.6　整形修剪与高接换优

整形修剪是核桃栽培管理中的一项重要技术措施，对幼树及初结果期树尤为重要。合理地进行整形修剪，使树冠具有良好的通风透光条件，对于保证幼树健壮成长、促使果实丰产、维持营养生长与结果之间的良好平衡有重要作用。应用高接换优技术，可以配合整形修剪进行，改良成年树的品质，为丰产、稳产、优质、长寿打下良好的基础。

1.6.1　核桃树整形

1. 整形原则

（1）定干高度

树干的高度一般不要超过 80cm。矮干是目前整形的趋向，因矮干能较快形成树冠，提早结果和丰产，又便于喷药、修剪、采收等。

（2）主枝配置

整形定干后，选留枝距应分布均匀，各主枝间的距离最好保留在 60 ~ 80cm 之间。以后继续培养各主枝，并将它们作为树冠的主要骨架。

（3）主枝角度

主枝与主干夹角以40°左右为宜。如果夹角过小，枝梢易徒长，上部互相拥挤，结果面积小且不易结果。如果主枝与主干夹角过大，枝条容易下垂，大小年结果显著。为了控制主枝角度，可以用绳索吊枝、拉枝，也可用稿竹作杆扶持。

2. 主干疏层形

第1层主枝留3个，错落着生在整形带部位。第4年选留1～2个生长健壮、角度好并和第1层主枝错开的2个枝作第2层主枝。第5～6年留1～2个枝为第3层主枝。每个主枝上选留2～3个侧枝。对各层主、侧枝上及层间中干上的分枝，在不影响树冠生长的条件下均可任其生长，结果后再行截、缩，培养成结果枝组。

3. 自然开心形

全树留3～4个生长旺盛的主枝向四周生长，剪留长度50～60cm。每主枝的两侧在3～5年内选留2～3个侧枝，同侧的侧枝距离为80～100cm，以便于培养结果枝组。在主、侧枝上着生的枝条，长度超过60cm时，可剪留40～50cm培养为结果枝组。这种树形适宜土层较薄的丘陵山地，成形快、结果早。早实核桃由于侧芽萌芽率高，侧花芽结果能力强而成枝率却低，常采用无主干的自然开心形，但在稀植条件下也可以培养成主干疏层形或自然圆头形。

4. 自然圆头形

（1）定干要求

早实核桃由于树体较小、结果早，干高可矮至40cm，拟进行短期间作的核桃园，干高可定为100～120cm，密植丰产园干高可定为50～80cm。早实核桃在正常情况下，2年生开始分枝并开花结实，每年高生长可达60～120cm。核桃可在定植当年发芽后进行抹芽，即定干高度以下的侧芽全部抹除。若幼树生长未达定干高度，翌年再行定干。遇有顶芽坏死时，可选留靠近顶芽的健壮侧芽，使之向上生长，待达到定干高度以上时再行定干。

（2）树形培养

2 ~ 3 年生时，在定干高度以上留出 3 ~ 4 个芽的整形带。在整形带内，按不同方位选留主枝，可一次选留，也可分两次选定。选留各主枝的水平距离应一致或相近，并保持各主枝间长势均衡。

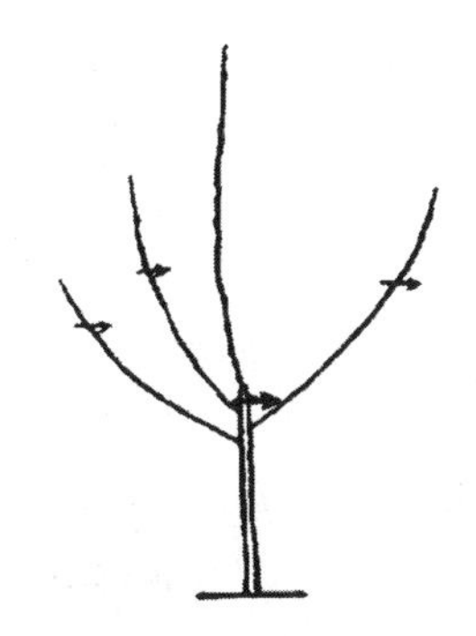

图 1-7　3 ~ 4 年生树的修剪

3 ~ 4 年生时，各主枝选定后，开始选留一级侧枝。由于自然圆头形树形主枝少，侧枝应适当多留，即每个主枝应留侧枝 3 个左右。各主枝上的侧枝要错落着生、均匀分布，第一侧枝距主干的距离为 60cm 左右（图 1-7）。

4 ~ 5 年生时，在第一主枝一级侧枝上选留二级侧枝 1 ~ 2 个；在第二主枝上选留侧枝 2 ~ 3 个。第二主枝上的侧枝与第一主枝上的侧枝的间距为 80cm 左右。至此，自然圆头形的树冠骨架基本形成（图 1-8）。

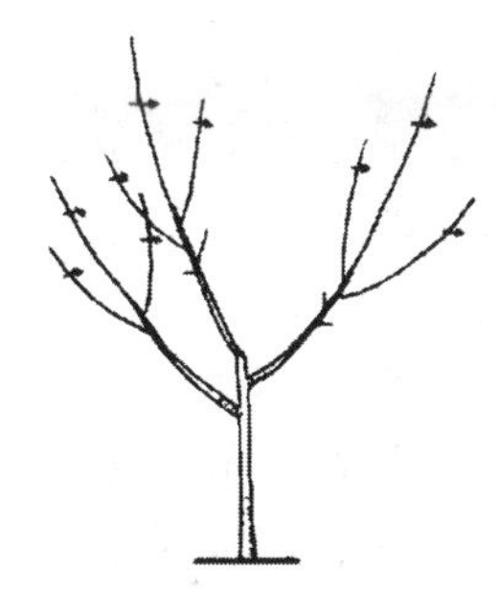

图 1-8　4 ~ 5 年生树的修剪

1.6.2　修剪

核桃树的修剪是在整形的基础上，继续培养和维持丰产树形的重要措施。操作时，要在进一步培养树形的同时，注意选留和培养结果枝和结果枝组，及时剪除和改造无用的枝条，使之达到均衡树势、提早结果、增加产量的目的。

1. 修剪时期

核桃落叶后即开始伤流，自 11 月中旬开始，到翌年 3 月下旬发芽时停止。伤流期内修剪会造成树体养分和水分流失，影响树体生长结果，因而不能在冬季修剪。修剪适宜期，结果树为核桃采收后至开始落叶前，幼树为春季萌芽前后即 3 月中、下旬。

2. 修剪要求

以主干疏层形树形为例，幼树和结果树在定干后，整形带内可抽生 3 ~ 5 个生长健壮的枝条。翌年春季发芽前选顶端直立向上的枝为中干，剪留长度为 70 ~ 80cm，剪口下留饱满芽。其余的枝条为主枝，剪留长度为 40 ~ 50cm，剪口芽应选留枝条上的侧芽，不用背后芽，但枝条直立时可留背后芽。以后逐年培养第 2、第 3 层主枝和侧枝。

早实核桃优良品种在良好的栽培管理条件下，对树冠内直立、交叉、重叠、下垂的枝条应及时短截或疏除，以保持树冠内良好的通风透光条件，利于果实和混合芽的生长发育。7 ~ 8 年树冠基本形成，进入初盛果期。

进入结果期树，可隔年修剪 1 次。对树冠内枯枝、雄花枝、衰弱枝应疏除和更新。对各级主、侧枝的延长枝可行短截和回缩。

3. 修剪方法

（1）疏剪

疏剪是将枝条从基部剪除，一般为疏去竞争枝，使留下的枝条补空生长。对于病虫枝、交叉枝、重叠枝、枯枝、密生枝等都要进行疏剪。

（2）短截

短截一般剪去一、二年生枝的一段，有调节花量、平衡树势的作用。短截营养枝，能减少次年花量；短截衰弱枝，能促进抽发健壮新梢；短截强旺的营养枝或徒长枝，能有效促进侧枝和结果母枝的萌发。

（3）回缩

回缩就是短截四、五年生的枝条，更新枝序，改善树冠上、下叶幕层及各部位的光照条件，促进各部位枝条抽生。

（4）摘心

及早摘除多余的和不适当的芽，可减少养分消耗，促使新梢生长整齐粗壮。特别对于初结果的树，摘除徒长夏梢顶芽是防止落果和迅速增加结果母枝的有效措施。在生理落果期，当夏梢长出 7 个叶片时，就要摘除顶芽，这样可达到落果少、产量高、品质好、病虫害少，结果母枝多、齐、壮、健，树冠紧凑以及盛果期延长的效果。但是，随着树龄增大，进入丰产期以后，核桃的夏梢极少，这时可不必摘心。

1.6.3　对自然放任树与特殊树的处理

1. 对自然放任树的修剪

在生产实际中，对核桃树管理不善和任其自然生长的问题到处存在，致使树冠紊乱，树体通风透光不良，冠内枝条生长纤细，不能适时结果和丰产稳产。因此，对核桃的自然放任树进行合理的整形修剪和树体改造十分重要。

对自然放任树的改造，要注意好当前与长远的关系，既要克服只顾当前利益，不敢或不愿进行整形修剪，又要防止强求树形，进行大锯大剪。5 ~ 6 年生的树，因其骨架尚未形成，改造起来比较容易，修剪时要偏于生殖生长。对 8 ~ 9 年生的树，枝条相对较多，修剪时可重一些，以对当年的产量没有影响为前提，可因树修剪，改造成适当的树形，以使树能承载更多的果实。对 10 年生以上树冠骨架已基本形成的大树，处理要慎重，不要强求树形，要合理安排主、侧枝，明确从属关系，使内膛通风透光良好，达到丰产目的即可。

2. 对特殊树的修剪

（1）多主枝树：主枝从属关系不明显，严重影响通风透光。对这种树的修剪，首先选留各层主枝，然后把侧枝逐年压缩，疏除多余大枝以明确从属关系，积极培养结果枝组，改善内膛光照。

（2）直立树：最常见的一种树形，表现主枝生长直立，角度偏小。对这种树可采用以下几种处理方法：一是采取撑枝的方法开张主枝的基角和夹角，在操作时就地取材，防止用力过猛，擦伤树皮。二是采取拉枝，就是用绳索牵拉主枝，地面钉桩。在拉枝工作中用力不要过猛，防止树枝劈裂。

（3）偏体树：利用背上枝转主换头，改变主枝的角度和方向。或采用撑、拉、拧等办法，培养主、侧枝，弥补空间，使主枝转向到树体的轴心即可。

（4）卡脖树：主枝邻近，中央领导干很弱，通常是由于主枝基角太小或第一层主枝数过多所造成。对这种树要抑制主枝生长势，扶持中央领导干。处理方法为：一是加大主枝的基角或腰角，适当除去主枝上的辅养枝，严格控制把门枝，削弱主枝生长。二是中央领导干上适当多留辅养枝，减少结果量，修剪时尽量减少领导枝上的伤疤。三是若原领导干过弱，再没有培养价值和必要时，可锯除领导干，培养成无领导干的自然开心形。

（5）内稀外密树：这种树形内膛光照少，小枝生长受影响而造成内膛空虚。因此在修剪时，要注意开张主枝角度，多剪除外围枝，对内膛枝少疏多截，增加数量。

（6）上强下弱树：此树表现与“卡脖树”相反，基部三主枝生长弱小，中央领导干生长强旺，树的高度远远超过树冠的宽度。修剪原则是削弱领导干，扶持主枝生长。处理方法是：树体高度达到一定标准后，应及时落头，在基部的三主枝上多留营养枝。

（7）小老树：形成小老树的原因很多，但多半是由缺乏营养、管理粗放或结果过多等原因造成。这种树要在加强肥水管理、熟化树盘土壤的基础上，适当短剪，以促进其恢复树势。

（8）双头树：是指树冠中心有两个中央领导干，并生在一起，这样造成了第二层以上主枝无法选留的问题，严重影响了冠内的通风透光。双头树形成的原因主要是早期对竞争枝控制不及时。处理方法是：优选一个较好枝作为中央领导干，被改换枝在适当部位截去头，改造成主枝和结果枝组。

3. 对枝位空间不当树体的修剪

对于此类树，修剪时应因势利导，根据树体状态，修剪调整枝位营养分配，调节好光照，协调枝组之间营养生长和生殖生长的矛盾，达到早结果、早丰产、早收益的目的。但是，修剪不当会造成生长与结果不协调，树体营养消耗多、积累少等问题，长此下去，将大大地影响产量和效益。修剪中要注意主枝、大枝所应占的合理空间方位，中枝、小枝必须在自己的空间，做到不交叉重叠、不碰撞。

1.6.4 高接换优

1. 优选良种

应在若干适宜的良种核桃中进行个体优中选优，择取个体矮化、芽节短、叶子小且有光泽的单株。同时坚果要求壳面光滑，缝合线平，不易开裂，壳厚不超过1cm；内褶壁退化，横隔膜膜质，易取整仁；肉仁充实饱满，出仁率 65% 以上；核仁乳黄色，味香而不涩。

2. 高接方法

（1）枝接换优

用枝条高接，就是将良种枝条嫁接到劣种或不理想品种上的一种工艺技术（图 1-9）。

图 1-9　高接换优

1）砧木处理

先对欲改接的树干或主枝进行整形修剪，选择方位平直且光滑处将上端截去，然后用利刀削平断面。在接口两侧横削 2 ~ 3cm 长的月牙状切口，在切口下部由下至上轻轻削去粗老树皮，留 2 ~ 3mm 厚的嫩皮，上部插口处薄些，下部稍厚些，削面略长于接穗的马耳形削面。

2）削接穗

选取发育充实的接穗，剪成长 12 ~ 15cm 的枝段，上端留有 2 ~ 3 个饱满芽，下端削成 6 ~ 8cm 长的薄舌状马耳形削面（刀口一开始向下切凹，并超过髓心，然后向前斜削），削面要平滑。

3）插接穗

用手捏开接穗削面前端的皮层，使皮层与木质部分离。沿砧木的月牙状切口向下将接穗的木质部插入砧木的木质部与皮层之间，使接穗的皮层敷贴在砧木的嫩皮上。接口直径 3 ~ 5cm 时，可插 1 ~ 2 根接穗；5 ~ 8cm 时，插 2 ~ 3 根接穗。插接穗时，应尽量避免把砧木的韧皮弄坏，防止接穗转弯处皮层皱缩。3 年以后，砧桩断面可基本上完全愈合。

4）包裹绑扎

用塑料膜将砧木接穗接口固定包严，然后用塑料绳或麻片绑紧、绑牢。绑扎之后为提高成活率，一是可用长 25 ~ 30cm、宽

10 ~ 15cm 的塑料袋，从接穗的上端套至接口下，袋的下口要覆盖住接穗插入的下部砧木皮层，然后将袋内的空气排出，用塑料绳或麻片将塑料袋的下口绑紧。塑料袋一定要封闭不漏气，上端高出接穗 4 ~ 5cm。最后用 8 开报纸卷一纸筒套在塑料袋的外面，上下扎紧即可。二是可用宽 3 ~ 5cm 的地膜条一道一道互相压盖着将接穗缠绑严，芽子部位只缠一层，以利芽萌发后能自行顶透地膜长出。最后也用 8 开报纸卷一纸筒套在接穗外面，上下扎紧，实现暗光愈合。

(2) 芽接换优

春季芽接换优，操作简便、省劳力、成本低、成活率高，可使适宜改接树的树龄提高，还能缓解春季接穗不足的问题，又可作为春季高接未成活的补救措施。

1) 接前修剪

芽接砧木以 3 ~ 5 年生幼树为宜。在嫁接当年春季发芽前的 3 月上旬，全部采用落头、短截的方法，使核桃萌发一年生旺枝。对未形成树冠的在树干上留一芽，短截部位在树高 0.8 ~ 1m 处；已形成树冠的，根据树的骨架预留 3 ~ 5 枝作为嫁接主枝，留枝长度 10 ~ 15cm，其余枝条全部从基部锯除，不要留桩。短截后当萌芽长到 5cm 长时，每枝留 1 ~ 2 根生长强旺的新梢，其余枝条全部抹除。

2) 芽接时间

嫁接时间以 5 月中下旬到 6 月下旬最为适宜，此时晴天气温达 25 ~ 30℃，接口愈合快，成活率高，而且接芽萌发生长时间长，枝条充实，冬季不易受冻害。当新梢粗度达到 1cm 以上、基部半木质化时，即可采集良种核桃接穗进行大方块芽接。

3) 芽接方法

与大田苗圃芽接基本相同，方法如下：

①砧木处理：先在芽接部位上方留 2 ~ 3 片复叶剪砧，接口以下复叶全部去除。在新梢半木质化光滑处，用双刃刀横切一刀，深达木质部，再用双刀一侧的单刀在横切口的左边纵切一刀呈“匚”形。用拇指指甲从纵切口抠开砧木皮层，再按回原处，以防切口

失水干皱。并在下切口的右下角处撕下0.2cm宽、3cm长的窄条树皮做放水口，以便伤流液的排出。

②取芽片：将叶柄贴接芽基部削去，用双刃刀卡在芽的上下横压一刀，深达木质部，再用单刀在芽的左右两侧各纵切一刀，与上下横切口相连，形成长方形芽片。然后用拇指压住芽片左侧，逐渐用力横向推动将芽片取下。芽片一般长3～4cm，宽1.5～2cm，并且要带上生长点。

③嵌接芽：剥开砧木皮，将芽片由左向右嵌入切口，并使上、下、左三个方向紧密相贴，再按芽片宽度撕去多余砧皮。

④严绑扎：按贴芽片，使砧木和芽片接合后，用拇指压住接口，用3～5cm宽、0.008mm厚的塑料薄膜条，自下而上连同放水口下端一起包严绑紧，仅留芽眼外露，并用报纸筒遮光。

3. 高接后的管理

（1）除萌

接穗芽子萌发后，要及时去掉砧木上的萌芽，以免与接穗新芽竞争养分。春季枝接后若接穗枯死，每个接头可保留2～3个萌芽，以便夏季用方块芽接法补接。

（2）放风

枝接20天后接穗开始萌发，这时每隔2～3天观察1次，当新梢长到塑料袋或报纸筒顶部时，可将顶部打开一铅笔粗的小口，让嫩梢尖端钻出。放风口由小到大，逐步打开，不可图省事一次撕开，更不可将塑料袋或报纸筒过早地去掉。当新梢伸出袋后，可将报纸筒顶部在午后打开，以适应环境。切忌在阳光最烈或刮风时打开。

（3）检查成活情况

枝接未成活留砧芽补接。芽接后10天，若芽片青绿，证明已成活；若芽片发黑，证明未成活，应及时补接。

（4）剪砧

芽接后10～15天接芽一般开始萌发，这时可在接芽上方2cm处微向接口背面倾斜剪断砧木。

（5）松绑

枝接的当新梢长至15～20cm时，可全部去掉上部的保湿袋，并要将接口处的捆绑绳松绑1次，否则会形成“蜂腰”，影响接口的加粗生长，但不能将绑缚物全去掉；8月下旬以后，若接口愈合牢固，可再次松绑绑缚物，但不要全部去除。芽接的接芽新梢长到5cm时，要及时划断塑料绑条，否则会因绑缚过紧，影响新梢的健壮生长。

(6) 防风折

当新梢长至30cm左右时，可在接口处绑缚1～1.5m的支棍，将新梢轻轻绑在支棍上，以防被风吹折。随着新梢的伸长应绑缚2～3次。

(7) 定枝摘心

高接成活后，新枝生长旺盛，应及时定枝和摘心。定枝的目的在于调整养分、水分，根据新枝位置和生长方向，选留主枝，疏掉多余枝。摘心是将留下的枝在长到60cm时摘除，以促进二次分枝，使树冠舒展丰满。对摘心后萌芽的侧枝，除按方位、距离选留2～3个外，其余抹除，使树体早整形、快成形，向有序方向发展。

(8) 疏花疏果

早实核桃高接后1～2年内即结果，要对接穗上萌发的雌花和雄花及时全部摘除，以尽快恢复树冠。否则会因结果多而消耗养分，树势难以恢复，造成烂根，甚至整株死亡。

(9) 增施肥料

改接后的核桃树由于长势旺、产量提高较快，树体需要及时补充营养。秋末或早春结合深翻，在树冠下挖环状或辐射状沟槽，宽、深均为30～40cm，施入基肥，然后埋土、覆盖、灌水，以保证核桃的丰产和稳产。

1.7 自然灾害的防控

核桃产区地处大陆腹地，是西部温带气候和北亚热带交汇地区，加之山体受江河流道切割，地形地貌复杂，造成气候多变，灾害天气频发。核桃产区主要地质、气象灾害发生类型有地震、山洪、泥石流和滑坡、雨涝、干旱、高温伤害、低温冻害、冰雹、大风等。因此，了解和掌握自然灾害的特点及规律，探讨防御和减轻极端气候灾害的措施，对系统防灾、减灾、抗灾，规避与预防自然灾害，提高核桃生产力效能，并把灾害的损失程度降低到最小化有着极重要的意义。

1.7.1　低温冻害的防御

低温冻害主要有春、秋季低温，晚霜冻，寒潮大雪，以及受强冷空气侵袭带来的强降温等。核桃的花芽受到冻害后，往往肉眼看不出被冻伤的情形，容易受到忽略。更严重的是在树芽萌动和花果期，如果出现连续性的低温降霜，每天晚间有 4 ～ 5 个小时的温度下降到 0℃以下，一年生枝叶全会冻枯，刚栽植的两年生幼树也会冻死。因此，在冻害的预防与规避方面，我们的科研人员和生产工作者，切万万不可粗心大意，除选择抗冻性较强的品种外，冬、春季节的防冻栽培措施不可少。

（1）增施有机肥、培养深广密根系

核桃树的根系是上载冠体枝叶，下伸大地摄取营养的主要器官，改善土壤条件对培养深密根系以提高其抗冻性能有着十分重要的作用。一是通过深翻和增施有机质肥料，可以加厚肥土耕作层，引导根系向深层发展，而土壤深层的温度比较稳定，在严寒的冬天，降温幅度很小，这对根系有很好的保护作用。二是由于土壤中增施了有机质肥，不仅提高了土壤肥力，而且改良了土壤结构，提高了土壤的保水保肥能力，改善了土壤的透气性和缓冲性能，进而又提高了土壤中的微生物密度，使土壤中潜在的磷酸利用率得以提高，有利于提升植物的抗旱和抗冻性能。三是经过深翻改良的土壤，能够有效地发挥冻前灌水的作用，也便于提升培土等的防冻功能。因此，要坚持每年深施有机堆肥，对于石渣多、土层浅薄、肥力很差的土壤，更应强调推行果园间作绿肥。

（2）控制栽培高度与培养抗冻树体

通过修剪培养抗寒耐冻型树体，也是预防冻害的一个方面。培养紧凑的树冠和壮而不旺的枝条，可以有效地增加枝叶制造同化养分的能力，让树液细胞组织在入冬以前充实老熟而增强树木的抗冻性能。树体的抗冻性强弱，与土壤中所含营养成分及根系摄取的肥料种类和数量有密切关系。氮肥过多会引起树体徒长，植物由于生长势过旺而抗冻能力减弱；钾肥不足，树体的抗冻性和其他抗性均减弱；秋季使用镁、锌、铜等微量元素，可增强树体的抗冻性，尤其是采果前后的施肥，对防冻具有特别重要的作用。

(3) 利用灌溉调节土壤温湿度

增加土壤含水量，可以缓解冬季叶片蒸腾和供水矛盾，避免生理脱水而造成冻害。这主要是由于灌溉增加了土壤含水量，使土壤里的营养物质易于被很系所吸收，解除了核桃根系由于干旱造成的“又饥又渴”的问题，从而增强了树的体质，提高了抗冻能力。

土壤含水量适宜，土壤中的有机质、矿物质丰富活跃，就会使得湿润土壤的热容量和导热能力比干燥土壤大得多。在核桃生产中，通常于田间灌入适量的水，这对升温放热有一定的作用，因土壤底层的热量能够传导到表层，便提高了土壤表层的温度。

同时，在核桃园上空，湿空气在霜冻时的低温条件下，由水气变成水滴的凝结过程会放出大量的热，使地表层的温度得以增加。

(4) 采用开沟抬高树盘免耕技术

采用开沟筑畦、抬高树盘的栽培方式，能使核桃树干立地位置提高，而将地下水位降低。同时在园周围开挖的人工沟，雨季可排水，冬季则有利于园内冷空气沿大沟排出，避免寒冷空气在园内下垫而沉积致冻。开挖沟槽的形状为梯形，深度 30 ~ 40cm，表面宽度 60 ~ 80cm，底层宽度 30 ~ 40cm，长度视畦而定。寒流冻害来袭，因开沟切断了地表平面，利用开沟的机制，使冷气下沉，调节整个园内温度，具有较好的人工“小气候”效应。因此，建核桃园时要特别强调沟系建设。

1.7.2 高温干旱的防御

1. 高温干旱的危害

造成高温干旱危害的气候因素为大气湿度、风、温度及阳光等。大气湿度下降时，植物蒸腾量增加，而空气中的温度上升时，树体中的含水量及吸水量则需增加。此时，如风害发生伴随强阳光及总辐射量的递增，则造成更多的气孔开张，这就加剧了空气与叶片的摩擦，加大了叶片的蒸腾量。尤其炎夏的干热风出现，流动速度加快，就会破坏叶片及植株含水量的平衡，严重影响树体的生长和产量。高温干旱危害主要表现为因天气干旱造成减产，一旦发生，持续时间长，范围广。

2. 防御措施

（1）建设好水利设施

春夏秋季之交，西部地区性干旱和高温常相继出现。在核桃建园中，必须建设好水利设施，保证供水管和渠道的有效使用，以满足核桃的生存、生长、生理对水的需求，在土壤湿度低于 40% 时得到灌溉。川坝地要在树行间开沟，以抬高树盘，以水不淹灌地表为度，从而消灭串灌、漫灌、淹灌等方式，实现能灌、能排的目的，使土壤疏松不板结。

（2）降低强辐射光照

高温干旱天气比较特殊，35℃以上高温天气多见，而且持续时间较长。为了确保核桃增产增收，克服夏秋高温干旱不利天气，就要通过地面种植、秸秆覆盖、间歇灌溉和微喷微灌等技术，降低强辐射光照，及时补充土壤水分，降低园内温度，增加空气湿度，有效降低损失。高温来临时，要采取合理的应急措施，在园内灌溉适量的水，使地表温度下降 3 ～ 6℃。

1.7.3　地震、洪涝、泥石流的防御

在核桃园山上的峰顶、渠、道、沟壑及周围，都要大力植树造林，增加植被。供电、供水、道路设施以及地埂、地坎等要筑建牢固，以防地震时山体崩裂落石，造成人、畜、树的损伤。植树造林工程所选树种一般以树冠小、抗旱抗灾性能强的品种为宜。这也是预防和规避降雨而引起的洪涝、泥石流灾害的主要措施。

降雨量集中和降雨时间过长都是洪涝、泥石流灾害发生的主要因素，虽说这种情况不很常见，但如果偶尔遇到，即会严重影响到基地建设、核桃产量及经济效益的提升。地势低洼处的核桃园极易受到侵袭。核桃树的根颈怕涝，抗水淹的能力较弱，规避

预防因降雨集中、降雨量大而造成园地坍塌滑坎及核桃根茎受淹，是生产栽培者必须面对的大事。为了遇灾不受灾，一是生产者必须在处理好园外大环境防范的同时，搞好园内的防范设施建设；二是生产者必须在每一田块上都开挖永久性的沟槽，并抬高树盘，平整成高畦，布置建立成排灌系统，将沟槽变为疏浚和储蓄水管道，使树盘内根颈不受涝，根系吸收不完全的积水控制于渠沟下渗，而不从表面排出，避免造成径流灾害。

1.8 病虫害的防控

在核桃病虫害的防控上，应全面贯彻“预防为主、综合防治”的植保方针。要以改善园地生态环境、加强综合管理为基础，提高树体抵抗病虫害能力；优先应用农业和生态调控措施，注意保护利用害虫天敌，充分发挥自然控制作用；多采用农业技术措施和人工、物理方法防治，使二者相互配合，取长补短；选用低毒、高效、低残留化学农药，并注意轮换使用，严禁使用高毒、高残留农药。

1.8.1 主要病害防治

1. 黑斑病

(1) 危害

此病主要危害核桃果实、叶片、嫩梢和芽，致使果实变黑、腐烂、早落，或使核仁干瘪、出仁率降低，影响核桃产量与质量。幼果受害初期果皮上产生褐色小斑点，边界不清，以后扩大成片并变黑，深入果肉直至果仁变黑腐烂脱落；较大果实受害只有外果皮或最多至中果皮变黑腐烂脱落后，内果皮外露，核仁表面完好，但出油率大大降低。叶片受害首先在叶脉出现多角形褐斑，外围有水浸状晕圈，严重时病斑连片，整个叶片变黑脱落。枝梢、叶柄受害时，其上所生病斑长形、褐色、稍凹陷，病斑环绕枝条一周后可造成病斑部位以上枝条枯死。花序受害也产生黑褐色水渍状病斑。

(2) 防治方法

选育抗病品种，加强科学管理，提高植株抗病能力。采后应及时修剪，清除病叶、病枝、病果，集中烧毁。在发病严重的地区于核桃发芽前喷 3° ～ 5° 波美度石硫合剂，消灭越冬病菌。生长期喷 1 ～ 3 次 1 ： 0.5 ： 200 半量式波尔多液，或 50% 甲基托布津 500 ～ 800 倍液。具体是雌花开花前、开花后及幼果期各 1 次。

2. 核桃枝枯病

（1）危害

该病属真菌感染，主要危害核桃枝条，尤其是 1 ～ 2 年生枝条。病菌侵害幼嫩的短枝，先从顶部开始，逐渐向下蔓延直至主干。病枝的叶片逐渐变黄脱落，枝条皮部变暗，呈灰褐、浅红褐至深灰色，死枝上形成许多小的黑色突起状颗粒（分生孢子盘）。

（2）防治方法

加强园地管理，及时剪除病枝并集中烧毁。增施有机肥，增强树势，提高抗病力。冬季树干涂白，防冻、防旱、防虫，以减少衰弱枝及各种伤口，防止病菌侵入。雨季到来前至发病高峰期，用 70% 的代森锰锌 800 倍液连续喷 3 次，每隔 10 天一次。

3. 核桃腐烂病

（1）危害

该病属真菌性病害，主要危害核桃的枝干和树皮，导致树皮呈灰色病斑，水渍状，手指压时流出液体，有酒糟味。后期病斑纵裂，流出大量黑水（亦称黑水病）。当病斑环绕枝干一周时，即可造成枝干或全树死亡。

（2）防治方法

一般在春季刮治病斑，也可在生长期随时发现病斑随时进行刮治，刮下的病皮集中烧毁。刮治的范围可控制到比变色组织大出 1cm，即略刮去一点好皮。刮后用 4° ～ 6° 波美度石硫合剂或 60% 腐殖酸钠 50 ～ 75 倍液喷涂，再直接在病斑上敷 3 ～ 4 cm 厚稀泥，最后用塑料纸裹紧即可。

1.8.2　核桃虫害防控

1. 云斑天牛

（1）危害症状

云斑天牛是核桃树干蛀虫，又叫钻心虫，属鞘翅目、天牛科。

幼虫蛀食韧皮部，后钻入木质部，在树干内纵横做道，致使树势衰弱甚至死亡。云斑天牛生活隐蔽，一般不易觉察。

(2) 生活史

云斑天牛 2 ～ 3 年完成一代，以成虫或幼虫在树干内越冬。成虫 5 ～ 6 月份咬一圆形羽化孔钻出树干，白天多栖息在树干或大枝上，晚间活动取食，30 ～ 40 天后交尾产卵。产卵多选择 5 年生以上植株且在离地面 30 ～ 100cm 的树干基部，卵期 10 ～ 15 天。幼虫孵化后，先在韧皮部或边材处蛀成“O”状蛀道，由此排出木屑和粪便，被害部分树皮外张，不久纵裂，流出褐色树液，这是识别云斑天牛危害症状的重要特征。20 ～ 30 天后，幼虫逐渐蛀入木质部，深达髓心。8 月老熟幼虫在蛀道末端开始化蛹，9 月羽化为成虫后在蛹室内越冬，翌年 5 ～ 6 月份出孔。

(3) 防治方法

1）人工捕杀成虫、灭虫卵

在 5 ～ 6 月成虫发生期，组织人工捕杀。对树冠上的成虫，可利用其假死性振落后捕杀。成虫发生期也可在晚间利用其趋光性使用黑光灯诱杀。在成虫产卵期或产卵后，检查树干基部，寻找产卵刻槽，用刀将被害处挖开，也可用锤敲击，杀死卵和幼虫。

2）饵木诱杀

利用天牛等蛀干害虫喜欢在新伐倒木上产卵繁殖的特性，于 6 ～ 7 月繁殖期，在林内适当地点设置一些桑、杨、柳、梨、栎等木段，供害虫大量产卵，待新一代幼虫全部孵化后，剥树皮捕杀。

3）虫孔注药

于 6 ～ 8 月份幼虫危害期，用小型喷雾器从虫道注入 80% 的敌敌畏或 40%氧化乐果乳油，也可用 10%吡虫啉可湿性粉剂或 16%虫线清乳油 100 ～ 300 倍液 5 ～ 10mL 浸药棉塞孔，然后用黏泥或塑料袋堵住虫孔。

4）喷药防治

成虫发生期，对集中连片危害的林木，向树干喷洒 90%的敌百虫 1000 倍液或绿色威雷 100 ～ 300 倍液杀灭成虫。

2. 银杏大蚕蛾

（1）危害症状

银杏大蚕蛾的幼虫是严重危害核桃的食叶害虫，因其个体较大，浑身密布又深又密的浅色毒毛，又称核桃大白毛虫。银杏大蚕蛾主要危害核桃、银杏、柳树、漆树、杜仲、栗树等树种，在其他树上也有发生，并可转株危害。银杏大蚕蛾暴发时，所危害的核桃树的叶片大部分会被吃掉，严重时只剩下满树的叶脉及幼果，造成核桃树衰老或干枯死亡，结果树严重落果和绝收。大力发展核桃产业时应十分重视该虫的防治。

（2）生活史

银杏大蚕蛾 1 年只发生 1 代，以卵在核桃树干及树皮裂缝处越冬，卵块主要集中分布于树干 1 ～ 3m 处的干及分枝处，卵块几十粒至几百粒集中分布在一起。第 2 年 4 月下旬至 5 月上旬，核桃树叶长出后卵块开始孵化。幼虫孵化后由树干向树冠中、下部内膛叶片转移，在叶片的背面群集危害叶片，随着虫龄的增长逐渐向树冠中、上部及四周叶片扩散取食叶片。5 月下旬至 6 月上旬，幼虫进入暴食期，1 只幼虫 1 天能吃掉 6 ～ 10 片叶子，全树叶片吃完后，幼虫开始下树转移危害第 2 食源。6 月上旬，已完成虫龄发育阶段的幼虫开始在树下的灌木杂草上缀叶结茧化蛹，少部分幼虫在树上的残叶上缀叶结茧化蛹。9 ～ 10 月份成虫羽化产卵，卵聚集成块产于核桃树干及树皮裂缝处。

（3）防治方法

1）刮卵块。人工刮除树干上的卵块是防治银杏大蚕蛾最简便、最经济的方法。冬春季节，可结合果树修剪和果园管理刮除核桃树的老皮、翘皮，铲除附在上面的卵块，并涂刷白涂剂。

2）摘茧蛹。6 ～ 7 月为银杏大蚕蛾幼虫的缀叶结茧化蛹期，这时可以在核桃树下周围的灌木杂草上，人工捕摘银杏大蚕蛾缀叶茧蛹，然后集中销毁。

3）杀幼虫。5 月下旬至 6 月上旬为银杏大蚕蛾的初孵幼虫群集危害期，此时喷洒化学杀虫剂杀虫最迅速、最有效，常用的药剂有 90% 敌百虫 1000 倍液、50% 辛硫磷 1000 倍液、10% 天王星

6000 倍液、20% 速灭杀丁 3000 倍液等。

3. 核桃举肢蛾

俗称核桃黑，在土壤潮湿、杂草丛生的荒山沟洼处尤为严重。核桃举肢蛾主要危害果实，果实受害率达 70% ~ 80%，甚至可达 100%，是降低核桃产量和品质的主要害虫。

防治方法为成虫羽化前，树盘覆土 2 ~ 4cm，或地面每亩撒杀螟松粉 2 ~ 3kg，或用 15% 吡虫啉 3000 ~ 4000 倍液、48% 乐斯本乳油 2000 倍液、10% 高效氯氢 2500 倍液喷雾。

4. 核桃扁叶甲

又称核桃叶甲、金花虫。以成虫和幼虫取食叶片，使叶片成网状或带有缺刻，甚至可将叶全部吃光，仅留主脉，形似火烧，严重影响树势及产量，有的甚至全株枯死。

防治方法为春季刮除树干基部老翘皮烧毁，去除越冬成虫。另外可在 4 ~ 5 月份成虫上树时,用黑光灯诱杀,还可于 4 ~ 6 月份，喷 10% 氯氰菊酯 2500 倍液防治成虫和幼虫，效果良好。

5. 黄刺蛾

俗名洋辣子。该虫发生后蔓延迅速，大量聚集在核桃树叶片背面，导致大部分叶片被吃光，受害率高达 50% ~ 60%，严重影响树势和果实发育。

防治方法：一是秋冬季和春季摘除树上的黄刺蛾茧，深翻树盘消除越冬虫茧，击碎树干基部的黄刺蛾茧。二是成虫发生期，用黑光灯诱杀。三是于 5 ~ 7 月份幼虫为害期，喷 50% 的辛硫磷乳油 1000 倍液或 20% 的速灭杀丁 3000 ~ 4000 倍液。

6. 芳香木蠹蛾

幼虫蛀食树木形成层、韧皮部和初生木质部，蛀道褶皱不齐，导致木质部与皮层分离，极易剥落，严重影响树干养分输送，轻者使植株衰弱，重者整株死亡。

防治方法：一是在成虫产卵期，树干涂白涂剂，防止成虫产卵。二是 5 ~ 10 月份幼虫蛀食期，用 40% 乐果乳剂 25 ~ 50 倍液孔注 1 次，注至药液外流为止，然后用泥封口，可杀死树干中的幼虫。三是当发现根颈皮下部有幼虫为害时，可撬起皮层挖杀幼虫。

1.8.3 病虫害综合防控技术

1. 加强科学管理

（1）加强科学管护

对于土壤结构不良、土壤瘠薄、重盐碱的果园，应先改良土壤，促进根系发育，增施有机肥，以增强树势。其次，对核桃进行适当修剪，在秋季落叶前对树冠密闭的树应疏除部分大枝，打开天窗，生长期间疏除下垂枝、老弱枝，以恢复树势，并用 1% 硫酸铜溶液对剪锯口进行消毒，提高植株的抗病能力。

（2）树干涂白防冻

入冬前先刮净病斑，然后于树干基部 2m 以内涂刷混合均匀的、用量比为水：生石灰：食盐：硫黄粉：动物油 =100 ：30 ：2 ：1 ：1 的涂白剂，以降低树皮温差，减少冻害和日灼，同时还起到“有虫治虫，无虫防病”的效果。

（3）喷波美度石硫合剂

在开春发芽前、6 ~ 7 月和 9 月，在主干和主枝的中下部喷 2° ~ 3° 波美度石硫合剂。

2. 消灭虫源

于秋、冬季节或早春砍伐受害严重的林木，并及时处理树干内的越冬幼虫和成虫，消灭虫源。还可于采果期至土壤结冻前或翌年早春进行树下耕翻，彻底清除树冠下部的枯枝落叶和杂草，刮掉树干基部老皮并集中烧毁，这样可消灭大部分越冬幼虫。在受害幼果脱落前，应及时剪、摘并深埋，以减少翌年的虫口密度。

3. 生物防治

（1）使用生物农药

白僵菌是一种虫生真菌，能寄生在很多昆虫体上，可用微型喷粉器喷洒白僵菌纯孢粉，防治多种天牛幼虫。25% 灭幼脲 3 号悬浮剂，是无公害昆虫激素类农药，可在成虫发生期向树干喷洒 25% 灭幼脲 500 倍液杀灭成虫。1.2% 苦烟乳油是植物杀虫剂，对害虫具有强烈的触杀、胃毒和一定的熏蒸作用，且不易产生抗药性，是替代化学农药的理想产品，可在成虫发生期地面喷雾 500 ~ 800

倍液，亩用药液 100 ~ 200kg，杀灭成虫效果极好。

（2）益鸟治虫

啄木鸟是蛀干害虫的重要天敌，可取食天牛科等数十种林木害虫。据研究，一头雏鸟一天要食 25 只天敌幼虫。因此应对啄木鸟加以保护，或在林内挂腐木鸟巢招引，便于防治天牛等蛀干害虫。

（3）保护和利用寄生性天敌

管氏肿腿蜂能寄生在天牛幼虫体内，应注意保护和利用，尽可能少施或不施化学农药。

1.9 果实采收加工

1.9.1 果实采收脱青

1. 采收时期

核桃成熟了就要适时采收，有些种植农户在栽植管理上非常认真，但在采收时由于农活太多而耽误了时间，导致“丰产不丰收”。核桃采收过早，青皮不易剥离，种仁不饱满，没有重量，出仁率差，加工时出油率低，而且不耐贮藏。采收过晚则果实易脱落，同时青皮开裂后停留在树上的时间过长，会增加受霉菌感染的机会，导致坚果品质下降。

核桃果实的成熟期，因品种和气候条件不同而异。早熟与晚熟品种成熟期可相差 10 ~ 25 天。一般来说，同一品种在不同地区的成熟期都有差异，同一地区内的成熟期也有所不同，平原区较山区成熟早，低山位比高山位成熟早，阳坡较阴坡成熟早，干旱年份比多雨年份成熟早。

核桃果实成熟的外观形态特征是青果皮由绿变黄，部分顶部开裂，青果皮易剥离，内部的特征是种仁饱满、子叶变硬和风味浓香，具有这种特征时，才是果实采收的最佳时期。

2. 采收方法

核桃的采收方法有人工采收法和机械震动采收法两种。人工采收就是在果实成熟时，用竹竿或带弹性的长木杆敲击果实所在的枝条或直接触落果实。其采收要点是从上至下、从内向外用棍顺枝敲打，切忌乱打，以免损伤枝芽，影响翌年产量。

3. 脱青皮

(1) 堆沤脱皮法

传统的核桃脱皮方法就是堆沤脱皮。其技术要点是果实采收后，要及时运到室外阴凉处或室内，切忌在阳光下曝晒，然后按 50cm 左右的厚度堆成堆，堆积过厚易腐烂。若在果堆上加一层 10cm 左右厚的干草或干树叶，则可提高堆内温度，促进果实后熟，加快脱皮速度。一般堆沤 3 ~ 5 天，当青果皮离壳或开裂达 50% 以上时，即可用棍敲击脱皮。对未脱皮者可再堆沤数日，直至全部脱皮为止。堆沤时切勿使青果皮变黑，甚至腐烂，以免污液渗入壳内污染果仁，降低坚果品质和商品价值。还有的不进行清洗和晾晒，导致核桃太脏或核仁发霉，商贩不愿收购，核桃很难卖上好价格，又是“丰收没卖钱”。

(2) 药剂脱皮法

由于堆沤脱皮法效率低、污染率高，对坚果商品质量影响较大，生产中还可在果实采收后，用 0.3% ~ 0.5% 乙烯利溶液浸蘸约半分钟，再按 50cm 左右的厚度，堆在温度为 30℃、空气相对湿度 80% ~ 90% 的条件下，经 5 天左右离皮率可高达 95% 以上。若果堆上加盖一层 10cm 厚的干草，2 天左右即可离皮。此法一级果比例比堆沤法高 52%，脱皮时间缩短 5 ~ 6 天，且果面洁净美观，核仁洁净黄亮。乙烯利催熟时间长短和用药浓度大小与果实成熟度有关，果实成熟度高，用药浓度低，催熟时间也短。乙烯属于内源激素，不会对食品安全造成威胁。

1.9.2　坚果干制

1. 漂洗

核桃脱去青皮后，如果将坚果作为商品出售，应先对其进行洗涤，清除坚果表面残留的烂皮和其他杂质污染物。特别提示注意，若对核桃进行漂白处理，将提高坚果的外观品质和商品价值。

洗涤的方法简单，将脱皮的坚果装筐，把筐放在流水中用竹扫帚搅洗。在水池中洗涤时，应及时换清水，每次洗涤 5 分钟左右，洗涤时间不宜过长，以免脏水渗入壳内污染核仁。如不需漂白，即可将洗好的坚果摊放在席箔上晾晒。除人工洗涤外，也可用机械洗涤，其工效较人工清洗高 2 ～ 3 倍。

对于出口外销的坚果，在洗涤以后还需漂白。具体做法是先把 0.5kg 漂白粉加温水 3 ～ 4L 溶解开，滤去残渣，然后在陶瓷缸内加清水 30 ～ 40L 配成漂白液，再将洗好的坚果放入漂白液中，用木棍搅拌 8 ～ 10 分钟，当壳面变白时，捞出后清洗干净，晾干。使用过的漂白液再加 0.25kg 漂白粉即可继续漂洗，每次漂洗核桃 40kg，一般一缸漂白液可洗果 7 ～ 8 批。漂白时禁用铁制和木制容器。作种子用的核桃坚果，脱皮后不必洗涤和漂白，可直接晾干后贮藏备用。

2. 晾晒

对清洗后的核桃，不要直接放在地面和水泥台面上曝晒，会导致核壳破裂、核仁变质。洗好的坚果应先摊在垫木杆的竹箔上，在通风良好的条件下风干晾晒，并经常翻动，使晾晒均匀，待阴干半天、大部分水分蒸发后再在阳光下晾晒。坚果摊放厚度不应超过两层果，厚了容易发热，使核仁变质，也不易干燥。晾晒时要经常翻动，以免种仁背面变为黄色，同时还应注意避免雨淋和晚上受潮。判断坚果干燥的标准是，坚果碰敲声音脆响，横隔膜易于用手搓碎，种仁皮色由乳白变为淡黄褐色，种仁含水量不超过 8%。一般经 5 ～ 7 天即可晾干，晾晒过度种仁会出油，同样降低品质。

3. 干制

一般采收核桃时正直秋雨连绵时节，常常导致核仁发霉，因此，产量小时可晾晒，量大时应考虑购置烘干机或建造烘干室。坚果的摊放厚度以不超过 15cm 为宜，过厚不便翻动，烘烤也不均匀，易出现上湿下焦现象，过薄则易烤焦或裂果。烘烤温度至关重要，刚进烘室时坚果湿度大，烘房温度以 25 ～ 30℃为宜，同时要打开排气窗，让大量水气蒸发排出。当烤到四五成干时，关闭天窗，将温度升到 35 ～ 38℃；待到七八成干时，使温度降到 30℃左右；最后用文火烤干为止。果实烘干到大量水气排出时，不宜翻动果实，经烘烤 10 小时左右，壳面无水时才可翻动，越接近干燥，翻动越勤。

最后阶段每隔 2 小时翻一次，以保证烘干后的坚果质量。

1.9.3　包装运输贮存

1. 包装

应使用纸箱包装，不使用编织袋包装，否则核桃易破碎。优质薄壳核桃应采用小型纸箱包装，以提高商品档次。包装人员及厂房设施应完全符合绿色食品规范要求。包装要有记录和标签，所使用的包装材料应清洁、干燥、无污染、无破损，并完全符合《绿色食品包装通用准则》NY/T658 的要求。

2. 运输

产品运输时，所使用的车辆、盛装容器等，必须清洁、干燥、无污染、无破损，并完全符合《绿色食品贮藏运输准则》NY/T1056 的要求。不得与其他有毒、有害、易串味物质混运。

3. 贮存

坚果贮存时，必须符合《绿色食品贮藏运输准则》的要求，严防腐烂变质。仓库应通风、干燥、避光，并具有防鼠、虫、禽畜的措施。仓储期间地面要有防潮板，产品堆放应与墙体保持一定距离，定期检查，以防发霉、虫蛀、变色。

第2章　油橄榄生产建设技术

2.1　油橄榄概述

2.1.1　物种学特性

图 2-1　油橄榄的果实

油橄榄为木犀科亚热带常绿木本油料树种，不同于人们普遍称呼的橄榄。油橄榄原产地中海沿岸高纬度、高海拔地区，怕寒冷，只能忍受短时间 -10℃以上的绝对低温，在潮湿炎热区表现生长过速，夏季过多的降水量和过高的相对湿度时产量不高，冬季缺乏一定的低温又不能形成花芽结果，所以适宜其生长的地方不多，仅在不冷不热的亚热带半干旱气候区结果。

2.1.2　综合价值

油橄榄具有生态绿化功能。对中国西部来说，油橄榄是一种珍稀的常绿生态树种，树冠高大、树龄长、耐旱洁净、能改善生态环境、抗病虫能力强，一次栽种，成百上千年受益，故生态作用显著。

从经济价值分析，油橄榄生长结果期长，全身是宝，栽植用途主要是榨取果肉中的油脂，即橄榄油，供人类生活保健之用。

橄榄油比任何的植物油更符合健康标准，被称为“植物油皇后”。科学证明用橄榄油做食用油可以形成真正健康合理的膳食结构。

在营养保健方面，橄榄油为心脑血管疾病、癌症、老年痴呆症这世界三大疾病的克星，经常食用，能增进消化系统功能，促进胆汁分泌，预防胆结石、胃炎、便秘的发生，促进人体对钙质的吸收，助于儿童骨骼、大脑和神经系统发育，预防老年骨质疏松。同时，油橄榄的果实和芽叶的营养价值也很高，用其所制的罐头、果酱、茶、橄榄酒、化妆品和保健饮料等系列产品，很受消费者的欢迎。

2.1.3　油橄榄发展现状

油橄榄是原产地中海区域的世界著名木本油料树种，橄榄油是著名的高级食用油，亦广泛用于餐饮、化妆、医药、保健等行业，目前我国尚需大量进口。中国引种油橄榄已近 40 年，我国西部许多省市，均为油橄榄适宜种植区。甘肃、陕西、四川、重庆、云南等省市的一些重点油橄榄开发工程起步较早，其中陇南市引进发展油橄榄气候优越，除雨型不同、年降雨量偏少外，陇南市日照充足，与世界油橄榄主产区和原产地气象要素相似，是中国油橄榄的最佳适生区。陇南的油橄榄现已经本土化，经测定发现单株产果以平均 100 千克超过同年生的地中海地区的希腊和意大利品种，并且出油率高、质量好，实现了周恩来总理生前在中国发展油橄榄的良好愿望。

甘肃省陇南市以白龙江流域低半山为油橄榄种植核心区，虽然从国外引种油橄榄到陇南的时间不长，但其生长能力强、对土壤适应性广、极抗病虫害、经济回报率高，农民乐于种植，企业投资获利也较好，目前油橄榄已成为甘肃陇南富民强市的支柱产业。由于陇南的带动和企业示范作用，中国成为发展油橄榄速度最快的国家。

2.1.4　可持续发展要求

1. 保持水土增进生物多样性

对水土流失严重的沟坡，要进行分年治理。对坡度过大、水土流失严重的油橄榄园，应退出橄榄园建设并及时还林或还草。

同时在油橄榄园周围应重视病、虫、草害的天敌生物及其栖息地的保护，以增进生物多样性。

2. 鼓励群众边角地埂栽培

油橄榄终年翠秀，不仅是宝贵的园林绿化观赏植物，而且还是一个优秀的经济树种。西部由于受人多地少、粮林争地矛盾的制约，发展油橄榄的土地资源严重受限，生产中可以充分发动群众，利用一切空间，如地埂、边角地等栽种油橄榄。只要我们动员千家万户行动起来，按照一乡一品、数乡一业的思路，充分利用地埂、地边、路边、河边、河堤、房前屋后等一切空闲地方，发展油橄榄生产，就能形成小群体、大规模的发展格局，获得良好的经济效益。

3. 建立完善农事档案

每年均要建立完善的农事活动档案，包括记录生产过程中施用肥料、农药的情况以及其他栽培管理措施、自然灾害的发生情况等，并完整保存，供可持续发展参考之用。

2.2 产地栽培条件要求

2.2.1 产地条件

1. 环境要求

油橄榄产地环境的大气、土壤、水质必须符合《绿色食品产地环境技术条件》NY/T391 的要求。其生长区域内没有工业、企业的污染，水域上游、上风口没有污染源对该区域构成污染威胁，并有一套持久的保证措施，确保该区域在今后的生产过程中环境质量不下降。

2. 气候要求

油橄榄适宜的年平均温度为 13℃以上，绝对最低温度为 -10℃以上，1 月平均温度≥ 1℃，≥ 10℃的年积温在 3600℃以上。高温和低温的指标如果超出界线值，便不利于油橄榄的发育生长，而且严重影响果实成熟和商品质量。

3. 土壤要求

土层深厚、土壤疏松肥沃、供排水良好的缓坡地或平地适宜栽植油橄榄，活土层要求在 60cm 以上，地下水位在 1m 以下。

4. 灌水要求

要求灌溉水和供水渠无污染，在油橄榄需要灌溉时，均能保证有效供水。水质应符合前述 NY/T 391 中的规定要求，但在灌溉时不能浪费水资源。

2.2.2　生产条件

1. 生产资料要求

在油橄榄栽培区域使用的农药、肥料、兽药等生产资料，必须符合《绿色食品农药使用准则》NY/T393、《绿色食品肥料使用准则》NY/T394、《绿色食品兽药使用准则》NY/T472 等相关标准的要求，坚决不使用影响产品质量的高碳生产资料。

2. 间作饲养要求

油橄榄园内间作的农作物、附设的畜禽饲养及食品加工，必须符合绿色食品的生产操作规程。

3. 使用设施要求

所应用的生产设备和设施，不许内含有毒、有害、重金属物质，必须符合绿色食品生产的标准要求，并要按绿色食品的生产技术操作。

2.2.3　基础工程

1. 建园开垦

新辟基地建园开垦时，要严把水土保持关，根据不同的坡度和地形，选择适宜的建园时期、方法和施工技术。坡度在 25° 以下的缓坡地，可实施等高开垦；坡度在 25° 以上时，需建筑等高梯级园地。建园时开垦深度应达 60cm 以上，破除土壤中硬塥层、网纹层和犁底层等障碍层。对坡度大于 25° 以及不宜种植油橄榄树的区域，要保留自然植被，以保护和增进油橄榄园及共周围环境的生物多样性，维护园内外生态平衡。

2. 基础设施配套

为便于油橄榄园内的排灌、机械作业和田间日常作业，提高土地利用率和劳动生产率，必须根据油橄榄园的地形、地貌特征等情况，修筑生产运输农机道路。有条件的园区应建立完善的节水排灌系统和蓄水设施，做到能蓄能排。

3. 生态林保水防护建设

在油橄榄园与四周荒山陡坡、林地和农田交界处，应设置隔离沟、隔离带，营造与油橄榄树没有共生性病虫害的防护林，合理设置生态防护林带、绿肥种植区和养殖业区等。对于面积较大且集中连片的基地，应每隔一定面积设置一些林地。梯地油橄榄园应在每台梯地的内侧开一条降雨时蓄水的横沟。

2.3 优质苗木培育

扦插是营养体繁殖的主要方法之一，油橄榄由于枝条内有分裂能力强的生根细胞，人们便可以用扦插的办法进行繁育苗木。

2.3.1 品种选择

1. 油用栽培品种

选择油用栽培品种时，衡量品种是否优良的主要根据为单株产油量和单位面积产油量，除此之外优良品种还具有优异点多、缺陷少、高产优质的特点。如成年油橄榄单株产果 90 kg 以上，榨油量超过 3kg，即可确定为高产品种或单株。果实含油率 30%以上为高含油率，35% 以上为最高。

2. 果用栽培品种

果用品种应根据果实大小、果肉率以及果实外形等方面的指标进行选择。果肉率 80% 以上为高果肉率；单果重 7g 以上为大果，3 ~ 7g 为中果，3g 以下为小果。

3. 茶用栽培品种

选择茶用品种时，应参考茶饮要求，根据叶芽形态、产芽率以及内含物等方面的质量指标进行。一般优良茶用品种具有叶型较小、总叶量指数高、水芽率大、成枝力强的特点。

2.3.2 扦插苗培育

1. 扦插前的准备

(1) 床地选择与温室建造

扦插床地必须选择避风、向阳之处以利用太阳能增温，有自然挡风遮阴的环境和排水良好的条件更佳。日光温室的长、宽、高和材料、节能等指标，应按实际情况确定。

（2）插床与材料建设

插床可用砖砌或挖土床。砖砌时，在温室内垫 10cm 厚的卵石，上铺粗河沙 10cm、细沙 20cm，床高 40cm、宽 140 cm，长度随棚内面积而定；如挖土床，则床宽 1m、深 80 ~ 100 cm，长度视需要确定。插床床面应水平，床底筑成稍向一端倾斜的鱼脊梁，并在低端处开设一通往床外的排水孔。在床内由下而上分层铺设干稻草，每层厚约 10cm，用力压实踩紧，加入 5% ~ 10% 有机堆肥直至 40cm 厚；然后仍踩紧压实，再分层铺设干稻草至 80 cm 厚为止，无稻草者，可改用麦秆、玉米秆等；最后再在上层铺盖一层过细孔筛子的泥沙，或大小约小米粗细的紫沙、黄沙、红沙、粗河沙，厚度 10 ~ 15 cm。对采用的插壤，要事先用浓度为 0.1% ~ 0.3% 的高锰酸钾溶液消毒。

（3）种条采集

插条好坏是决定扦插繁殖成活率高低的关键。用于扦插的枝条应考虑树龄和品种，幼龄树、初结果树的枝条比成年老树的枝条成活率高，为了提早开花结实，应从初结果树上选条；品种上，‘佛奥’成活率高，其他品种成活率次之。插条的粗度以 0.2 ~ 0.4 cm 为宜，选择树势健壮、抗逆性强、果肉厚实、丰产优质型的树采种，并登记标号。

（4）采条时间与方法

应于秋季采果后或春季萌发前采条，但要随采随插。择生长健壮、叶芽饱满、无病虫害的幼年结果树，选中上部向阳面 1 年生的营养枝剪取作插穗。采取后分品种捆扎、挂牌，并装入采枝袋内。

2. 上床扦插

（1）插穗处理

1）插穗剪切

将所获取的油橄榄枝，先剪截成 10 ~ 15cm 长的扦插条，这种用于作插穗的枝，必须是一年生嫩梢，两年生的则发根率低，如若是当年生枝，也应该达到半木质化程度，反之则难以生根成活。

对剪截好的插穗要进行疏叶，插穗上端顶部留叶 2 ~ 4 片，其余的叶片全部剪除。插条上剪口离第一节 0.4 ~ 0.5cm，下剪口紧靠最下节，并将末端削成马蹄形。插穗剪切后按上、中、下段分别以 50 ~ 100 枝进行捆扎。

2）激素处理

为了促进插条生根，可用植物生长调节物质进行处理，以吲哚丁酸（IBA）效果最好，使用浓度因品种而异，一般为 25 ~ 100ppm，难生根的品种浓度可高一些。其次是萘乙酸（NAA），用量 50 ~ 200 ppm。除此外，吲哚乙酸（IAA）、吲哚丙酸（IPA）、2，4-D、维生素溶液、ABT1 号生根粉均有促进生根的效果。主要常用的维生素有 B_1、B_2、B_6、B_{12} 四种，使用 ABT1 号生根粉可按说明书上注明的用量和方法进行处理。

3）浸泡时间

把插穗放入浸泡液中，嫩梢浸泡 14 ~ 16 小时，中段浸泡 16 ~ 18 小时，下段及粗老枝条浸泡 18 ~ 24 小时。插条基部浸入溶液中的深度为 2cm。

（2）扦插时间

油橄榄苗一年四季均可扦插，但选择扦插时间，应考虑三方面的因素。首先考虑应使扦插生根率高，且成本费用低；其次，要考虑扦插成活后的移苗成活率，并易于管理；最后，应最大限度地利用土地资源。因此，比较理想的扦插时间是 3 月至 4 月及 7 月至 8 月初，在这一特定的季节环境条件下，极利于油橄榄插穗生根。

（3）插条上床

用生根素浸泡处理后的插条，按 5cm 的行距、1 ~ 2cm 的株距，开沟直插入土壤中，深度为插条长度的 1/3 ~ 2/3。也可按每 $100m^2$ 扦插 2800 株左右的标准，株行距 4cm，插入深度 6 ~ 7cm，进行温床扦插催根。扦插苗床基部温度应保持在 24 ~ 26℃，使插条在长出幼嫩的枝条以前形成不定根，棚室内最高温度不超过 30℃，空气相对湿度在 75% 以上。扦插前期水分要足，一般 10 ~ 15 天用喷雾设备喷水一次，后期水分要适当。

（4）翻床移植

插条生根率达60%～80%时就要进行第一次翻床。对于未生根的枝条，可用1/5000浓度的生长刺激素溶液再浸泡20～30分钟，但浸泡未生根枝条使用的生长刺激素，不能与上次扦插时使用的刺激素相同。待插条处理好后，继续重新插入床内管护，促其生根。

（5）移苗下床

春末夏初，将已生根的插穗分品种做标记移出苗床，按25～30cm的株行距，每亩移栽6000～7000株，或实行营养钵培育。在移栽时要特别注意，不能损伤扦插生根苗上的叶片和腋芽，对根系长度超过10cm的苗，应适当修剪掉多出的长度，避免移栽时造成根系弯曲而影响成活。

3. 扦插苗管理

（1）调节水分

插条开始生根以前，由于插条刚离开母体，没有根系从插壤中吸收足够的水分，必须进行水分的补充。为了保持水分平衡，除保持插壤水分外还要提高床面的空气相对湿度来降低叶面的蒸腾量。插壤的含水量要保持在50%～60%，即以用手捏紧可以成团、触之稍散为宜。

（2）供足养分

在制作扦插苗床时，已经将有机肥施足，插后一般喷施维生素B_1和B_{12}溶液对插条进行养分补充，浓度为1/5000，条件许可时，每天早、晚喷施一次。须注意维生素B_1和B_{12}溶液应分别交替使用。此外，还应喷施微量元素硼和镁，浓度为1/2000，喷施时以喷洒叶片为宜，每隔3天喷施一次，直至生根。

（3）调整温度

插穗要成活，就要使空气与插壤温度保持相对恒定，两者之间相差不能过大，控制在5℃左右较为适合，并应随时根据插条的变化情况进行调节，一般插壤温度以20～24℃为适宜。扦插前期是保叶保条、促进枝条剪口生出愈伤组织阶段，此期持续时间最长，应保持空气温度在16℃左右，当大气温度开始回升，大量生根开始到来时，应将插壤温度调节到18～20℃。提高插壤的温度主要是通过增加插壤灌透水的次数来达到。以插壤温度与气温而言，能保持插壤的温度高于气温就更为理想，如气温 16 ～ 20℃，插壤温度以 20 ～ 24℃最为适宜。

(4) 调控湿度

扦插期间空气相对湿度最好是 75% ～ 95%。提高苗床内温度和空气湿度，降低空气与插壤之间温度、湿度的差距，主要靠加盖与揭去草帘和塑料薄膜的办法来达到。秋冬空气湿度低，除晴天中午开膜喷水换气外，其余时间不必打开，但温度高必须注意遮阴和揭开薄膜通气。插壤湿度过大时，应揭去塑料薄膜，疏松表层 1 ～ 2cm 厚的插壤；插壤湿度低于标准时，用细孔喷壶或喷雾器喷水。

(5) 调光、遮阴、通气

日照强、日照时数多、空气相对湿度小，给保叶保条和管理工作带来一定困难。为了排除这种不利因素，在大气温度达到 14℃以上的晴天，应在薄膜上加盖草帘或遮阴网遮阴，并每天中午揭开薄膜通气降温 1 ～ 2 次，阴天、雨天薄膜上可不盖草帘。遮阴时间过长和长期不揭开薄膜透气，将会造成插条早期掉叶、烂条、生根率低等问题，而薄膜长时间揭开不盖，则会造成床内温度偏低和插壤湿度偏小，叶片、插条干缩甚至失水死亡。因此，必须注意气候的变化随时调整管护措施。

4. 露地育苗地准备

(1) 苗地选择

苗地宜选择背风向阳、光照良好、土层深厚的缓坡地或平地。土壤应为疏松、肥沃、湿润、排水良好的沙质壤土，要求灌溉方便，对肥力低、保水差、易干旱的土壤必须经过改良后才能使用，土壤酸碱度应是中性或微酸性。为减少病虫害的发生和提高苗木质量，育苗地不宜重茬。连年育苗的圃地，不但苗木生长脆弱，而且立枯病、根腐病等病害严重，往往会造成大量苗木死亡。

(2) 土壤消毒施肥

育苗地选好后，应在冬季之前每亩施腐熟堆肥 2500 ～ 3000kg，并进行一次 30 ～ 40cm 的深翻。对易发生蝼蛄、蛴螬等地下害虫的地块，整地时每亩撒草木灰 50kg、硫黄粉 3kg、硫酸亚铁 4kg，对土壤进行综合消毒，以防治病害。

（3）做畦移苗

移苗地整好后做畦，畦床宽 140cm、高 20cm，畦间沟宽 30cm，畦的长度根据育苗地情况而定。

5. 移植与抚育

（1）移植幼苗下地

春末夏初，将温棚或温室内已长成的油橄榄幼苗，分品种做标记。出床移入露地时，按 25 ~ 30cm 株行距，每亩移栽 4000 ~ 5000 株。移植好幼苗后，要平整床面，将土壤压紧，使苗子和土壤紧密结合。栽植工序完成之后，及时浇水，使土壤保持湿润，并在地表撒盖一层麦壳或草节。

（2）幼苗的营养钵育苗

要将幼苗移植进营养钵中育成大苗，就必须配制好营养钵中的培养土。培养土由园土和优质腐熟的有机肥混合而成，园土与有机肥的比例可为 6 ∶ 4，并过筛备用。实践证明，将扦插成活的苗移入营养钵中最为可靠，当长成大苗后，即可用于定植。

（3）幼苗抚育管护

在幼苗新枝上再次生长出 5 ~ 6 对叶片时人工拔草，土壤缺肥可施入腐熟有机肥料和沼气液。夏季如遇干旱和强光天气，要注意遮阴和浇水；如遇暴雨或阴雨连绵天气，要及时排涝，以防止水分过多，造成苗木烂根。对苗木新梢长到 20 ~ 50cm 时，要及时摘心，以促进枝稍的加粗生长，同时插立支棍扶干绑缚。

2.3.3　嫁接苗培育

嫁接苗通常用实生苗做砧木，选用优良品种作接穗，应用切接、芽接、腹接等方法培育出的一种理想苗木。

1. 嫁接前的准备

（1）砧木准备

在嫁接前的 20 ~ 30 天，把油橄榄砧木苗离地 13cm 内的叶片和萌枝全部除去。同时进行一次追肥、灌水和除草。

（2）嫁接用具

修枝剪、嫁接刀、塑料薄膜条。

（3）接穗采集

选优良品种成年定性的结果树，择一年生向阳面的健壮枝条采集，每 50 ~ 100 枝打成一捆，标明品种、产地、采集时间。

（4）接穗贮备

接穗应贮藏在 5℃ 以下的湿润环境中。原则上不贮备，应随采枝随嫁接。

2. 嫁接方法

（1）切接法

时间为 3 月初至 4 月上旬。①砧木处理。在砧木离地面 8 ~ 10cm 处，剪去上半部分，用嫁接刀在断面偏侧垂直切下，切口长约 3 ~ 4cm（图 2-2（*a*））。②削接穗。接穗上端留 1 ~ 2 个芽，接穗下端削成楔形，削面长约 3 ~ 4cm（图 2-2（*b*））。③插穗绑扎。把削好的接穗插入砧木的切口中，使砧木与接穗形成层对准吻合，用塑料薄膜带绑扎紧（图 2-2（*c*））。

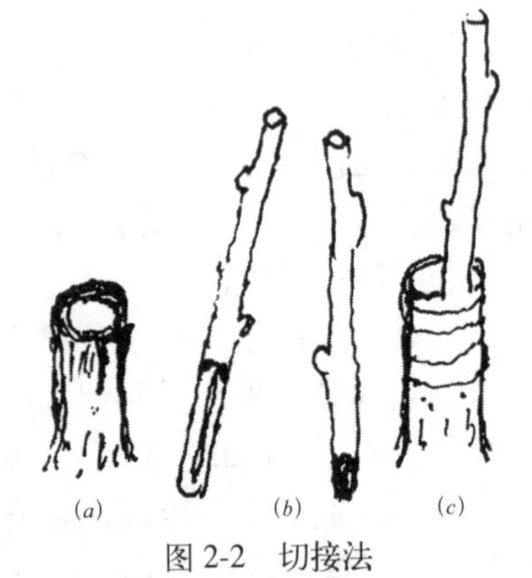

图 2-2　切接法

（*a*）砧木切削；（*b*）接穗切削；（*c*）插穗绑扎

（2）“T”形芽接法

嫁接时间 7 月至 8 月中旬。①砧木处理。在砧木离地面 6 ~ 10cm 处，用嫁接刀横切一刀，深度以切透形成层为度；再以横切口的垂直方向向下划 1 ~ 2cm 的纵切口，使切口呈“T”字形，并用刀尖将皮左右剥开（图 2-3（*a*））。②削接穗。左手拿接穗，右手拿嫁接刀，从芽下方 1cm 处向上由浅入深斜削，削至芽上方约 0.6 ~ 0.8cm 处横切一刀（图 2-3（*b*））。③插穗绑扎。把稍带木质部的芽片取下嵌入“T”字形切口内，用塑料薄膜带绑扎紧密（图 2-3（*c*）、（*d*））。

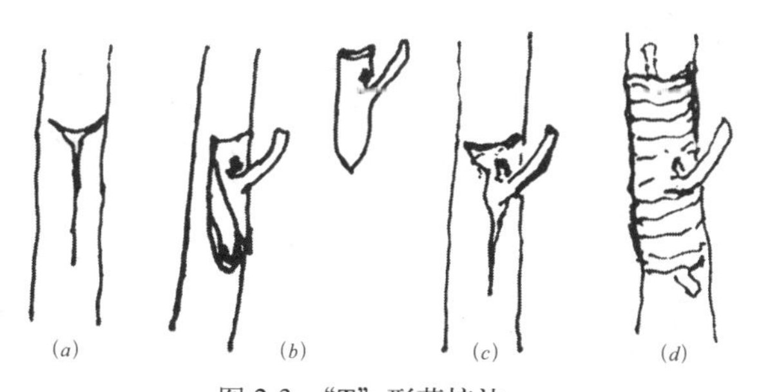

图 2-3　“T”形芽接法

(*a*) 切砧木；(*b*) 切芽片；(*c*) 接入芽片；(*d*) 绑缚

(3) 插皮接

①砧木处理。先剪、锯断砧木，刮平表面，并选择砧木光滑面，用刀尖垂直向下切 3 ~ 5 cm，深达木质部。然后在切口上部用刀尖轻轻将树皮剥开，以便插入接穗(图 2-4(*a*))。②削接穗。将接穗削成马耳形状，反面尖端削出 0.4 ~ 0.6cm 的斜面，这样利于接穗下插和成活（图 2-4（*b*））。③插接穗。将接穗轻缓地插入砧木的切口之中，使接穗削口面对齐贴于砧木削面（图 2-4（*c*））。④绑扎。用塑料薄膜带由下而上绑扎严紧（图 2-4（*d*））。

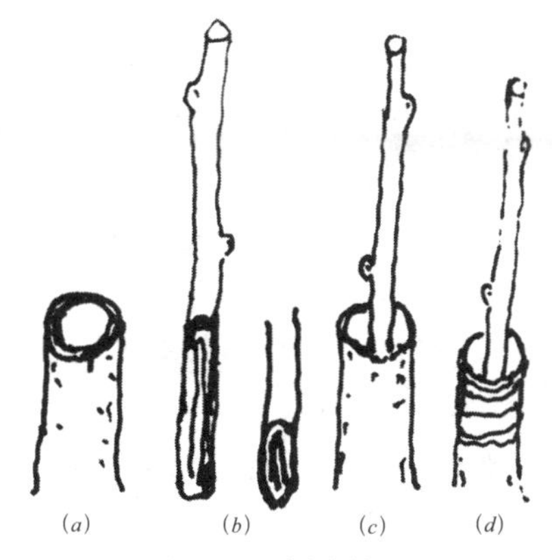

图 2-4　插皮接

(*a*) 砧木切削；(*b*) 接穗切削；(*c*) 插入接穗；(*d*) 绑缚

3. 细心管护

用枝接法嫁接的苗木，要及时去除砧木上长出的萌芽，以促进愈合及接穗的生长。接穗新梢长到 2 ~ 5cm 时，将嫁接部位以外的萌芽再行抹除，同时加立支棍扶干。嫁接株在初期有条件时要进行喷雾，天气干燥、土壤缺水要灌水，缺肥要补肥，以解决砧木和接穗失水及营养不足的问题，从而大大地提高嫁接苗的成活率和成苗指数。

4. 苗木出圃与分级

苗木出圃时间要按照栽培季节确定，一般要求随挖随栽。苗木分级是育苗出圃时的常见工作，也是为了保证栽培质量而确定的必要苗木指标。

（1）出圃时间

苗高超过100cm时，在秋分或春分前后出圃。起苗宜在阴天或灌水后进行。

（2）起苗方法

挖掘起苗时，一定注意根系完整，不要使苗木的枝梢和根系受到伤害。

（3）苗木分级

根幅10～20cm、根径1cm以上、苗高100～150cm为一级苗；根幅8～15cm、根径1cm以下、苗高60～99cm为二级苗。非一、二级苗木，不得用于栽植建园。

2.4 园地规划设计与管理

2.4.1 规划设计、整地建园

1. 园地选址

高山顶、土壤黏重、排水不良等处，不宜规划建设油橄榄种植园。等高沟埂、水簸箕、鱼鳞坑、地边埂等，都是规划栽培油橄榄可利用的土地，农村普遍应用的地边筑土埂的工程措施也十分适于油橄榄的栽培。

对选择好的建园地，必须全面进行规划，按地形进行设计，使水务、道路、电力、管理等条件都得到统筹安排，分轻重缓急进行设计建设，同时还应将旅游、科普、文化设施配套等设计到位。

2. 开垦整地

供油橄榄栽培的山地一般坡度大，在建园时有些地段的地势、土壤差异很大，便要因地制宜，根据当地水土流失情况和坡面差异进行全面科学开垦。开垦整地一般有全面整地、带状整地和块状整地等方式，现许多油橄榄园在坡地修梯田时，采用地边筑石坎埂的方式，效果很好。

在坡度为 25° 以内的地段，宜采用带状整地方式。坡面按一定宽度沿等高线开垦，带与带之间不开垦，留足生土带，每隔 3 ~ 5 条种植带，开一条等高环山沟截水，沟深 50cm 左右、宽约 60cm，将沟内挖出的土放在坡面的下方，在埂的内侧栽树。

穴垦也叫鱼鳞坑整地，即在与山坡水流垂直的方向环山挖半圆形植树坑，坑径长 100cm 左右，深 30cm，由坑外取土，使坑面水平，并在坑外筑成半环状土埂以保水。坡度超过 25° 的山坡，以鱼鳞坑栽培为宜，且坑与坑之间交错排列成鱼鳞状。

3. 定植要求

（1）定植株数

油橄榄栽培可分为集约化栽植和零星种植。集约化就是 5 亩以上的成片土地栽植的油橄榄园，肥沃土壤每亩栽 30 ~ 40 株，瘠薄地每亩栽 50 ~ 60 株。零星种植即利用村旁、水旁、房前屋后等空隙地栽种单株或数株。如果土壤水肥条件好，阳光充足，则结果早、寿命长、株产高。

（2）立地要素

栽植油橄榄以中性和偏酸性、具团粒结构、通透性佳、排水良好、富含腐殖质及多种矿物质营养元素的土壤为宜。要选择海拔在 1300m 以下、背风向阳的山坡。高山、阴坡、光照不足、土壤黏重、排水不良等处，不宜栽培油橄榄。

（3）栽植时间

栽植最好于油橄榄休眠期快结束时进行，此时气温、水分都处于逐渐上升阶段，是最适宜的栽植期。裸根苗栽植以春季 3 月或秋季 9 月为宜，营养钵苗一年四季均可栽植。

（4）定植方法

阴天起苗，苗根带土保护苗木不受损伤，根系不能暴晒和风吹，栽时根要舒展。栽穴稍大，在栽植坑旁，备有机堆肥 10 ~ 15kg，与表土拌匀施入。若采用的是营养钵苗，栽植前一定只留营养土团，要将营养钵钵体取掉。另一方面，栽植苗木时深浅要掌握合适，埋土至苗株根际原土痕处下方 3cm，再用手略轻提一下苗木，使根系全舒展，然后扶正，填土踩实。

(5) 浇水促活

树苗定植后，浇足定根水，待水渗完后，覆土保墒防龟裂，7 ~ 10 天再浇水一次，以利成活和生长。

4. 重视园貌

参考 1.4.1 中“4. 重视园貌”的内容。

2.4.2 建园注意事项

1. 配置授粉树种

要保证油橄榄园每年获得丰收，就应该对花粉的互交授粉作好安排，最简便和有效的方法便是在园内配置授粉树。根据风力传播花粉的习性，所配置的授粉品种与被授粉品种的距离应在 20 ~ 30m 之内，以实现充分授粉。栽植两个品种时，如果株数相等，为了便于采收，可每隔 4 行栽植一个品种，如果只栽一个主栽品种，同时希望将另一个授粉品种的株数保持到最小限度，则可在每隔 3 行的第 3 穴，种上一株授粉品种。在整个园中，主栽品种和授粉品种在数量上不能少于 8 ： 1，如建园时没有配置授粉树，可应用高接换优技术，嫁接配置上授粉品种树，以提高单位面积产量。

2. 建立良品示范园

目前油橄榄正逐步转向集约化经营，面积达到百亩以上的油橄榄园应建立良品示范园，把选育和示范优良品种的工作视为提高产量、降低成本的重要措施来对待。为了提高橄榄园单位面积产量，可筛选出适当密植和优质的品种，这也可为培育高度密植和更加丰产的后续良种打下坚实的科技产权基础。

3. 避开冲风口建园

在冲风口栽植油橄榄树，一来蒸发量大，树体容易失水；二来影响开花结果，受冻害影响的程度往往较重；三是树体经长期风吹，生长时间长容易形成偏体树。同时，油橄榄在花期遇风，落花问题严峻，产量低而不稳，所以要避开冲风口栽植。

2.4.3 栽植与种苗要求

1. 品种特性

选择油橄榄品种时，必须从当地气候和土壤的适宜情形出发，对当地冬季的寒冷、夏季的炎热、主要病虫害等问题要进行综合性的考虑。要重视有较强抗性的品种,并做好不同遗传特性品种的搭配。

2. 苗木来源

种苗必须符合《林木育苗技术规程》DB62/T1919，在生产的初始阶段，无法得到经认证的绿色苗木时，只使用未经化学物质处理的组织培养苗木和常规种苗，不使用基因工程繁育的种苗。

3. 栽植方式

一般栽培建园时，均采用单株、单行方式种植。坡地油橄榄建园时，实行等高种植。种植前施足有机底肥，深度在 30 ～ 40cm。

2.4.4　幼园裸露地间作套种

幼龄油橄榄园合理间作是获得收益的重要措施，不仅可以充分利用土地资源增加收入，而且间作物种还能覆盖土壤，增加土壤腐殖质含量，对提高土壤肥力有利。根据油橄榄的生物学特性以及生长发育在空间上呈现的特点和差异，精巧合理地配置物种进行套种间作，能使园内生产收入稳定上升。

1. 套种间作的目的

油橄榄一般在定植后到成林封行以前，由于树冠小，地表面空缺裸露，不仅浪费了珍贵的土地和光、热、水资源，而且容易杂草丛生、土壤恶化，增添无效的劳动力投入。利用幼年油橄榄树空闲地，套种间作有利于树体生长的农作物，这样一方面利于保持水土，防除杂草，提高果园土壤肥力，另一方面能增加收入，达到“以短养长，长短结合”的目的。如陇南山地的大部分农民种植油橄榄树时，就是在栽植了树苗的空行间的有限面积内种植蔬菜和其他农作物，待油橄榄树冠封行时再停止栽种蔬菜和农作物，从而提高了油橄榄种植的总体经济效益。

2. 轮作套种的作物选择

轮作套种对油橄榄树有益的作物：芸豆、白菜、甘蓝、萝卜、辣椒、油莎豆、蚕豆、花生、魔芋、甜叶菊、草莓、甜瓜、西瓜、大豆、花生、马铃薯、红薯等。因这些作物管理比较精细，有利于提高土壤肥力，促进幼树健康生长。

对油橄榄树生长结果有害的作物：高粱、玉米、向日葵、小麦、南瓜、棉花、丝瓜等。因这些作物茎秆高大、卷须攀缘树身、根系分布广，直接影响油橄榄树的生长，这类作物坚决不能种。

长种对油橄榄生长影响不大的作物：油菜、无需搭架的豆角、低矮秆的药材类。

3. 套种轮作的原则

（1）提高光能利用率

幼年园套种间作时，作物应离树干 1m 远，以后随着树龄的增长，间作作物一般情况下离树盘应当更远些。实际上，适度每年进行作物倒茬间作，利用植株的不同高矮空隙减少地面裸露的反射光，增加树体对光的吸收，缓和栽植油橄榄时过稀漏光的问题，因而提高了光能利用效率。

（2）套种间作作物选择

应注意选择生长期短、植株矮小、能够改良土壤、病虫害较少、间作后有一定经济收入的种类。如豆类、薯类、瓜类等间作作物需要大量施肥，在需水期又需要浇灌水，若是与油橄榄对水的大量吸收期同步，则对油橄榄的正常生长结果有不少好处，尤以洋芋和黄豆较为理想。杜绝间作种植与油橄榄树不相容的一切作物，并禁忌使用与油橄榄相克的农药和肥料。

（3）套种间作作物不能连作

根据不同地区、不同果园，确定不同的间作种类，但绝对不允许连作。在土质和水肥条件良好，树体需肥、需水期不受影响的园内，可间作一次小麦，以控制树势生长过旺，促进油橄榄结果而获得双丰收。

（4）套种间作的方式

在轮换品种和倒茬方面，一般洋芋、蔬菜、黄豆和小麦等隔年间作为好，这样互不影响，均能丰产增收。必须注意，无论间作何种作物，都必须留出树盘带，间作面积应随着树龄增大而缩小，以便进行树体抚育。

（5）套种间作的年限

油橄榄园自定植之日算起，大致一般可间作 8 ~ 10 年，以后树冠扩大、根系布满全园时，不宜再间作。但树冠小、行距大的果园，可延长间作年限。

4. 耕作管理

幼龄树要合理浅耕除草。一是可以疏松土壤，增大土壤空隙，促使空气流通，提高土壤透水性和蓄水能力；二是可以减少径流，使土壤的持水率和接纳雨水的能力增强，提高土壤保水、保肥、保土能力；三是可以减少杂草对土壤水分、养分的消耗，减轻病虫害的发生；四是浅耕除草切断了毛细管道，阻止毛管水的上升，能减少土壤的热容量与热导率，使土壤蒸发量减少。

耕锄时间宜在雨前或雨后土壤湿润、表土适耕的情况下进行，不宜在旱情严重、土壤含水率低的情况下进行，否则会因耕锄伤根而影响吸水，加重植株缺水。耕锄深度宜在 6 ~ 10cm 之间，并在离开植株根颈 30cm 处进行。植株周围杂草宜用手拔除或用小锄铲除，以免碰伤植株。耕锄时将杂草根部泥土打碎，晒死后铺于植株周围。

2.4.5 建园配套措施

1. 营建防护林

应在油橄榄园四周和园内以及不适合种油橄榄树的空地进行植树造林。在油橄榄园的上风口，必须营造防护林，在主要道路、沟渠两边种植行道树，在梯壁坎边种植有经济价值的草以使地表不裸露。

2. 补植保证密度

建园后对缺株断行严重、密度较低的油橄榄园，要通过补植缺株等措施，提高油橄榄园建园栽植密度，以保证油橄榄园的集中连片。

3. 制定生态保障计划

制定和实施有针对性的建园措施，对土壤培肥，病、虫、草害防控和生态改善等，要有计划分年度强化实施。

2.4.6 重视庭院与园林栽培

1. 利用树冠挡风避暑纳凉

利用油橄榄树的“热源效应”，在人居房舍周围适量栽培油橄榄树，由于四季常绿，冬季可用以挡风御寒，减轻或避免冷冻，到了夏季，人们可以利用油橄榄的“空调作用”，避暑纳凉。除了油橄榄对人居的益处，人居房屋使油橄榄被护拥其中，有利于油橄榄健康生长，从而两利两得。

2. 号召居民发展庭院经济

庭院也叫庭园，是人居活动最频繁的场所，因而也留下了大量的空间和肥沃土壤，为油橄榄种植、生长、开花、结果等提供了丰富的空间和营养来源，所以庭院栽植的油橄榄容易丰产、增收，而且品质优良。庭院的土壤虽肥沃，初定植时仍需要挖一米见方的穴，并施足有机肥料，保证将来根系能充分伸展、树体生长强健。

3. 栽植用作园林建设植物

油橄榄树是著名的园林绿色观赏植物。随着油橄榄产业研究的深入，特别是近来园林、盆栽研究的突破，经过整形修剪的油橄榄树，其观赏价值有了更大的提高。利用油橄榄树常绿的特点，在公园、街道、公路两旁栽植，能够形成春天观花、夏天赏叶、秋天赏果、冬天赏绿的优雅效果。油橄榄树作盆景，其株型紧凑，花色金黄，果实青、黄、红、紫夺目，可观赏、可食用，一举两得。

2.5 田间管理

2.5.1 土壤监测与施肥原则

1. 土壤监测检验

定期监测土壤肥力水平和重金属元素含量，要求每 3 年检测一次。根据检测结果，有针对性地采取土壤改良措施。

2. 改善土壤理化性质

多施有机肥，改良土壤结构。也可放养蚯蚓和使用有益微生物，改善土壤的理化性质和生物性状，应注意使用的微生物不能是基因工程产品。

3. 调节土壤酸碱度

对特殊性土壤，如 pH 值高于 9.0，可使用硫黄粉调节 pH 值至 7.5 ~ 8.0 的适宜范围；如土壤 pH 值低于 6.0，可使用生石灰调节土壤 pH 值至 7.5 ~ 8.0。

4. 土壤施肥原则

油橄榄树下土壤施肥要以有机肥为主、以菌肥为辅、以化肥为补充，科学配备微量元素，因地制宜增添，综合性施用。一般对施肥来说，施入高质量的有机肥，问题也许不复杂，如果说要施入无机肥，也就是常说的化肥时，那么则必须对土壤进行化学分析，提出恰当的化肥种类并控制施用量，以利保持果实产量的递增和土壤的安全性。

2.5.2　肥料种类及应用

1. 有机肥料

有机肥料是指有机堆肥和沤肥、厩肥、沼气渣肥、沼气液肥、绿肥、饼肥等。长期施用有机肥料，可从根本上解决土壤有机质缺乏问题，增加油橄榄营养元素的积累和土壤的良性循环。

2. 化学肥料

由工厂合成的化学肥料，如尿素、硫酸铵、硝酸铵、复合肥等，对人类生产食物来源功不可没。但是，如若单纯施用化肥，特别是依赖氮素化肥来提高油橄榄的产量，有可能降低油橄榄产品的质量，污染环境，增加农业生产成本，引起土壤营养元素的贫乏和不平衡。

3. 菌肥及其他

矿物源肥料、微量元素肥料和微生物肥料，只作为培肥土壤的辅助材料。在确认油橄榄树有潜在缺乏微量元素危险时，微量元素肥料仅作叶面肥喷施。微生物肥料应使用非基因工程产品。

4. 禁用肥料

禁止超标使用氮、碳化学肥料，以及绿色食品不许可的含有毒、有害物质的城市垃圾、污泥和其他物质等。

2.5.3　有机肥堆制与肥料施用

1. 有机肥的堆制

一般油橄榄的经济寿命长达 1200 多年，但是当土质很差又缺乏养分时会出现早衰现象。油橄榄的营养生长和结实需要大量的养分，每亩油橄榄大树，在 1 年内要消耗氮 17 ～ 33kg、磷 8 ～ 22kg、钾 20 ～ 50kg、钙 20 ～ 50kg，氮、磷、钾的比例大致为 2 ∶ 1 ∶ 2.5。每生产 100kg 油橄榄果实，需要纯氮 0.9kg、磷 0.2kg、钾 1kg、钙 0.4kg。如长期不施肥，土壤中的腐殖质含量流失，树体的结实能力就会下降。有机肥为综合性肥料，常施用可提高土壤的腐殖质含量，使油橄榄树生长、开花、坐果和丰产的基础更加牢靠。在正常年景下，要求土壤中的腐殖质含量达到3%～5%，才能保持树体养分平衡。有机肥的“总体堆制要求”、“高温堆肥卫生标准”及“堆肥腐熟度鉴别指标”参见“1.5.2 有机肥堆制方法”中的相关内容。

2. 常用施肥方法

（1）施基肥用扩穴法

在每株树冠的外沿下方备足有机堆肥，挖3～4个穴，直径45cm、深35cm，挑拣出石头和僵土，穴的长度和株施有机堆肥量视土壤条件和树冠大小确定，且穴要逐年错开。施肥可在根系生长高峰期的3～9月进行，也可在树体休眠的秋冬季进行。用量一般每亩2000～3000kg，必要时可配施一定数量的矿物源肥料和微生物肥料。

（2）施追肥用环状或放射状施肥法

在油橄榄的果实膨大期，株施肥量和施肥沟长度视树冠大小确定，一般深35cm、宽40cm。可按油橄榄生长所需，施入腐熟后的有机堆肥或沼气池中的沤渣；也可在根际100cm处开沟，酌情多次浇施沼池液；或每亩每次施入有机肥2000kg、复合肥100kg左右，施后覆土灌溉。

(3) 根外追肥用叶面喷施法

油橄榄不仅根系能吸收养分，枝、叶、果实也能吸收养分，通过气孔和角质层进入树体内部。根外追肥也叫叶面喷肥，可根据油橄榄生长情况合理使用，但使用的叶面肥必须有生产许可证并获得有机产品认证。一般幼叶吸收养分快，吸收率高；叶背面气孔多，较正面吸收养分快。叶面肥料在果实采摘前18～20天停止使用。

3. 施肥时间

油橄榄的施肥应按其物候期进行。

（1）采果越冬肥

采果越冬肥也叫做基肥。树体经过生长、开花、结果后，消耗养分较多，需要及时补充营养，以恢复树势，提高抗寒力，使花芽分化良好，为下年生长、结果打下良好的营养基础。一般要求采果越冬肥的施肥量应占全年施肥量的一半，最好在采果的 10 天前施入，或采果后半个月内施入。

（2）催花壮梢肥

施这次肥的目的在于壮梢壮花。生产实践证明：在萌芽前施用速效肥料，能促使春梢生长，延迟老叶的脱落，提高枝叶含氮量，使花芽发育完全，提高授精坐果率。对着生花蕾多的树，尤其是成年树和老年树，在开花前两周施入速效肥，能显著促进坐果。一般每株橄榄树可施入腐熟人粪尿或沼液 10 ~ 15 kg。

（3）稳果坐果肥

这次追肥可使幼果得到足够的养分，减少落果，提高坐果率。施肥量同前，施用时间应在第二次生理落果前半个月。对初结果树、少果树和壮树这时可不施肥。

（4）壮果肥

在 7 ~ 8 月，油橄榄果实迅速膨大，同时还要生长出大量的早秋梢作为第二年的结果母枝，为了加速果实的生长，提高果实的品质，促发秋梢，必须施用好这次肥。壮果肥以腐熟的菜籽饼、菌肥或沼气水为好。如果种夏季绿肥的，应在 7 月上旬及时翻入土中。应注意，为了避免抽发晚秋梢，一般 9 月下旬至 10 月中旬不宜给树施肥。

4. 施肥量

油橄榄的肥料施用量应按树龄而定。

（1）定植基肥的用量

定植前，一般每亩要施有机堆肥 3000 ~ 4500kg、过磷酸钙（含 p16% ~ 20%）100 ~ 200kg、硫酸钾（含 K 20% ~ 50%）50 ~ 60kg。

（2）幼龄树施肥量

从定植到结果前这一阶段都算幼龄期，一般为 5 年。包括秋季施肥在内，每株树每年需要有机堆肥 10 ~ 20kg、过硫酸钙 1 ~ 2kg、硫酸钾 3 ~ 5kg、油籽饼 1 ~ 2kg。

（3）结果树施肥量

结果树每株每年一般需要施入有机堆肥 25 ~ 50kg、过磷酸钙

2 ~ 3kg、硫酸钾 2 ~ 3kg、油籽饼 3 ~ 5kg。

5. 绿肥的种植与施用

（1）适宜种植的绿肥品种

种植绿肥是园艺生产中的一种既经济又见效的施肥方法，在甘肃省陇南市已经普遍采用。种植油橄榄时常用的绿肥作物有：黄豆、蚕豆、野豌豆、苜蓿、苣合草等。

（2）绿肥施用效果

有些油橄榄园因种植绿肥，不仅树长得好，而且产量可提高30%，每 3 年对绿肥品种要求倒茬轮作一次。埋施绿肥能给土壤增加大量的氮素和有机质，且油橄榄根系容易吸收，每亩施一次足量的绿肥比施用 20kg 氮肥效果还好。

（3）种植绿肥的注意事项

在种植绿肥时，不同的土壤类型应选择不同的绿肥种类。在黏性石灰质土壤中最好种豆科作物，在沙性石灰质土壤中种白色苜蓿或肉质苜蓿比较好。种植绿肥时，应注意不能与油橄榄争水争肥，在播种前加施适量的磷、钾肥。在绿肥收割压青时，最好能按照有机肥堆制技术进行，以加速绿肥腐烂和提高土壤游离氮的含量，满足油橄榄开花结果时对氮肥的需求。

2.5.4 水分管理

所谓水分管理就是处理好灌溉与排涝的矛盾。油橄榄在整个生长结果时期都需要足够的水分供应，即使是冬季休眠期也不能受旱失水，但是其也不能受涝。

1. 油橄榄的需水特征

油橄榄生性虽然耐干旱，但在生长发育期间要求有充沛且分布适当的降水量，以及较高的空气相对湿度，一般要求年降雨量 500 ~ 800mm，年均空气相对湿度 60% ~ 80%。若水分严重缺乏，会影响油橄榄的生长发育。油橄榄的灌溉与天气、土壤类型、施肥种类、间作种植有密切关系，如自然降雨量能满足油橄榄生长，则其完全不需要人工浇水。春雨可增加土壤和空气的湿度，有利于油橄榄花序的生长，但花期则不宜多雨，否则会缩短油橄榄花期，影响风媒授粉，致使产量锐减，严重时甚至绝产。夏季高温干旱则会造成大量落果。

油橄榄各个生长发育阶段的需水量差异极大，在终花期和坐果期，需水量不大，但这一时期一般说来不能缺乏水分，此时土壤若遇干旱，就会导致早期落果，使产量大大下降；在果核硬化期的 7 ～ 9 月，如遇到干旱天气就会抑制果实发育，造成生产力下降而减产，因此，在这时进行 1 ～ 2 次灌溉对增产有决定性作用；在 10 月份，即果实采收前 20 天，此时果实的水分和肉核的重量迅速增加，这个时期若气候干燥，就需要灌壮果水。

在秋冬雨水少的年份，对油橄榄进行冬灌很有必要，否则树体抗冻性差，来春落叶严重，会引起落花落果。从油橄榄冬季的需水量来看，在冬季降水量大于 80mm 的区域，一般不需要人工灌溉，但是，这要根据雨量的分布情况来确定，看是否与油橄榄生长发育需水相吻合，如雨水不足，则需要进行人工冬灌。在灌溉时，要采取适量灌水或少量灌水多次灌溉的方法，使油橄榄根系扎得很深，达到抗旱丰产的目的。

2. 灌溉方式

（1）地面漫灌

地面漫灌就是将灌溉水通过渠系网管送到田间，在田块里形成地面薄水层或小水库，靠重力或毛细管作用渗入土壤的一种灌溉方法。目前广泛采用的地面灌概主要有畦灌、沟灌、串灌和漫灌 4 种。

（2）沟灌

沟灌是指在油橄榄树行间开沟引水灌溉，水在沟里流动的时候，向两侧和沟底浸润土壤，使油橄榄树得到适宜的土壤水分。沟灌能控制灌水量，使水灌溉得恰到好处，促进根系发育和树体生长。沟灌能保持土壤结构，保墒耐旱，有利于垄上间作，获得满意的产量。

一般植物行距比较窄，要求小水勤灌时可用沟灌。灌水沟设在油橄榄树的行距之间，在土壤透水性比较强、地面较缓、坡度不大的地段，沟长一般 10 ～ 30m，黏性土可以长些，沙性土可以短些。沟灌是一种巧妙的灌溉方法，可以将水灌溉到一定的深度，把水分送到橄榄树根系所及的范围之内，还可避免精细平整土地的成本和防止损耗大量的水。

（3）喷灌

喷灌是一种先进的灌水技术，是借助水泵或自然水头造成压力水流，经管道喷射到空中，像降雨一样散落田间的灌溉方式。喷灌雨滴笼罩田间，增加近地表层的空气相对湿度，在炎热季节起到降温作用，并且能冲刷茎叶上的尘土，有利于光合作用。喷灌是小定额勤灌浅灌，土壤经常处在湿润状态，不产生深层渗漏和地表径流，灌水与自然降雨一样均匀，使土壤水分和空气协调，利于土壤微生物活动。喷灌可以减少沟、渠和畦埂占地，保持土壤疏松和团粒结构，不发生土壤板结和裂缝，既减轻劳动强度又能省水节能，从而促进油橄榄增产增收。

（4）滴灌

滴灌就是利用低压管道系统，使水一点一滴缓慢地不断浸润油橄榄根系区域的一种节水灌溉技术。滴灌按油橄榄的需水量供水，比喷灌还节约用水，也有利于促进油橄榄的生长和提高产量。滴灌具有显著的省水保墒的优点，对炎热、干旱缺水地区的油橄榄生产具有重要作用。滴灌跟喷灌一样不破坏土壤结构，植物根部土壤通气良好，溶解在水里的肥液滴入根部土壤，使根系能源源不断地吸取水分和养料。滴灌使地表湿度减到最小，有利于减少病虫害。滴灌适合在坡地和丘陵地带发展，不需要开渠，可减少用地和劳力，而且便于田间管理操作，如耕作、喷洒、采摘和运输都不受干扰。滴灌又能结合施肥同时进行，不但充分发挥了肥效，也大大减少了施肥工作量。

3. 信息监测

灌溉是在油橄榄土壤缺乏水分时有效补给适量水分的生产措施，但生产中往往对灌水的信息、时间和程度把握不好，结果许多果园即使灌溉了大量的水，花了不少劳务费用，也未能生产出可观的油橄榄果实。因此，确定恰当的灌溉时间和恰如其分的灌溉量十分重要。较为适合农民的确定灌溉时间的方法是目测：一是看土壤干旱失水状态，抓起一把土丢下，有灰尘飘扬即说明特别干旱需水；二是在早晨检查油橄榄树的叶片，如树叶有萎蔫症状，即可证实已严重缺水。凭经验在种植园内掌握这些特征，就能减少不必要的麻烦以控制灌溉。

4. 灌水方法

（1）开沟灌

在果树行间开灌水沟，沟深 20 ~ 25cm 左右，灌水后填平。

（2）分区灌

将果园划分成若干个长方形或正方形的小区，纵横做成土埂，将各小区分开灌溉，通常每一棵树为一个小区。

（3）树盘灌

以树干为中心，在树冠投影以内的地面上做一环状土埂，灌水后待表土干后松土、整平。

（4）穴灌

在树冠投影以外边缘挖穴，将水灌入穴中，灌后将土还原；一般每株大树挖 5 ~ 6 个穴，小树挖 3 ~ 4 个穴。

5. 适时灌溉

（1）冬季灌溉

冬季灌水要适时进行，过早气温较高，不利于油橄榄适时进入休眠，过迟如冻期后进行，反而会加厚冻层。在冬初适当灌水，以在冬季辐射冻害之前的 10 ~ 15 天灌溉效果较好。关于为预防冻害进行灌水的时机选择，要凭经验加以判断，西部的油橄榄冬灌最好在 11 月下旬前完成，同时要根据每年的气候情况把握。

（2）春季灌溉

油橄榄在春季抽枝展叶、开花坐果时，需要消耗大量水分，适时春灌有利于增强树势，促进优质、高产。春灌一般在早春土壤解冻后进行，如若天气干旱，可在开花前、后再各轻灌一次，但水不宜灌得太深，以免影响地温回升和抽条助长，严重者将引起大量落花落果。

（3）夏秋灌溉

夏、秋两季正值油橄橄生理落果和果实膨大期，长时间的高温干旱，不仅导致土壤含水量低，影响油橄榄植株的正常生长，而且会严重降低坐果率，制约果实的膨大，故应做好夏季灌溉工作，有效地减少叶片蒸腾，增强植株耐高温能力。一是修筑梯埂、开挖竹节沟以蓄积水分；二是在果园内壁和两侧修建蓄水池和灌溉系统，积蓄雨水为旱时所用，利用有效水资源提高园地的抵抗旱害水平。

6. 园内排涝

油橄榄在整个生长结果时期，既需要足够的水分供给，又需要积水时排涝，即使是冬季休眠期也不能受旱、受涝。因此，除遇天气干旱要及时浇水保持土壤湿润外，在地势比较低洼易渍水的地方，雨季还须进行排涝，以免引起积水。油橄榄根系生长若受抑制，则树势衰弱、生长结果不好，应当挖深沟排水。

7. 覆草节蓄保水

覆草节蓄灌溉属于节蓄用水的土办法，简单易行、投资少见效好，在无浇灌条件的山地应用效果尤为显著。其技术是将作物秸秆或杂草捆成直径 15 ~ 20 cm、长 30 ~ 35 cm 的草把，放在水中浸透。在树冠投影边缘向内 50 ~ 60 cm 处，挖深 40cm、直径围绕着树根呈圆形的贮养穴。贮养穴数量依树冠大小确定，将草把放于穴中央，周围用混加有肥料的土填埋踩实，适量浇水后，再整理树盘，使营养穴低于地面 2 cm 以上，形成盘子状。每穴浇水 3 ~ 5kg 后，即可于穴上覆盖地膜，面积 1.5 ~ 2.0m^2，地膜边缘用土压实，以便追肥浇水和接纳雨水并防水分蒸发，平衡水分的供应和消耗。如进入雨季可将地膜撤除，使穴内贮存雨水，发现地膜损坏后应及时更换。一般贮养穴可维持 2 ~ 3 年，再次设置贮养穴时改换位置，逐渐实现全园改良。

2.6 树体的管护与高接换优

2.6.1 整形修剪

1. 目的作用

整形修剪可以减少树体消耗，使树木有尽可能多的绿色枝叶，并且每张叶片上得到较多的光照，提高光合效能。油橄榄合理的树冠形态为下大上略小的自然圆头形，枝条不密集、不交叉、上下不重叠，内外枝梢分布均匀，外看树冠内膛小空大不空，内看主、侧枝稀密适度、枝叶繁茂、通风透光良好。准确的感观标准是：树上枝梢顺，地面梅花影；冠中能通风，叶果光照明。

另外，整形修剪可以因势利导，根据树体状态，调整枝位营养分配和光照，协调枝组营养生长和生殖生长之间的矛盾，达到早结果、早丰产、早收益的目的。但是，修剪不当会造成树木生长、结果不协调，树体营养消耗多、积累少，长此下去，将大大地影响产量和效益。

在油橄榄栽培史上，对树体的修剪调整一直被园主认为是一项主要的扶强和平衡树势的措施，同时也是提高产量的主要方法和技术。早在 2000 多年前，西班牙农学家科鲁门拉 (Columela) 曾经说过："种橄榄者待其果，勤施肥者求其果，唯剪枝者得其果"。对油橄榄实施修剪技术，可改善树冠的通风透光情况，扩大受光面积，调整树体的枝群分布，均衡植株的营养生长和结实状况，将营养集中在少数结果枝上，延长结果期。油橄榄的主体枝较少，叶片面积小，直立枝不多，同其他果树的生理情形略有不同，只要在整形修剪上稍下工夫，就会比不修剪提高产量许多倍。但是不适宜的修剪，能使油橄榄整个植株长势变弱、产量减少，同时造成的伤口太多又易遭病虫危害。尤其违背油橄榄自然生长规律的修剪对树体是很有害的。

2. 油橄榄树冠整形要求

油橄榄能否早结果、早丰产并连年丰产，主要决定于树冠上部结果母枝的数量。因此，幼树整形时应尽量促使树冠内发生较多的枝梢并扩大容纳枝梢的位置，这不仅与提早结果密切相关，而且还可以奠定以后多梢的基础。整形最好在苗木的幼年期进行。

（1）定干高度

油橄榄树干的高度一般都不超过 80cm。矮干是目前整形的趋向，其能较快形成树冠，提早结果和丰产，又便于喷药、修剪、采收等。

（2）主枝配置

整形定干后，选留 4 ~ 5 个分布均匀、生长健壮的枝梢作为基部主枝，各主枝间的距离最好保留在 60 ~ 80cm 之间。以后继续培养各主枝，并将它们作为树冠的主要骨架。

(3) 主枝角度

主枝与主干夹角以 40° 左右为宜。如果夹角过小，枝梢易徒长，上部枝条互相拥挤，结果面积小且不易结果；如果主枝与主干夹角过大，枝条容易下垂，大小年结果显著。为了控制主枝角度，可以用绳索吊枝、拉枝，也可用稿竹作杆扶持。

3. 修剪技术

(1) 幼树修剪技术

以圆头形树冠修剪为例：

第一年，冬季休眠后，及时剪取并培养离地面 30 ~ 50cm 以上的当年生枝作为主干，以后注意培养主干上抽生的嫩梢，选留 4 ~ 5 个生长健壮、分布均匀的枝梢作为主枝培养，对其余生长出来的嫩枝给予摘心或抹除。

第二年，在前一年预留的 4 ~ 5 个主枝中，选留 3 个生长健壮、方向互相错开的枝确定为主枝，并剪去顶端发育不充分的部分。将其余保留下的 1 ~ 2 个主枝剪截，在每个主枝上再留 2 ~ 3 个健壮的侧枝作为副主枝。

第三年，继续培养主枝和副主枝，一方面注意扩大成比例的多枝级数，使各枝生长的角度分布均匀；另一方面加强摘心，增厚叶幕层，以便集中营养抽生新梢，促使树冠迅速扩大。

第四年，以轻剪为原则，特别要关注树冠内部的小侧枝。对树冠下部的裙枝可以修剪，放任与控制相结合促使其结果。对于树冠上部的枝条，仍不可疏剪过多，以免造成树冠“空腔”，减少光合作用面积而影响到树的生长和盛果期间的产果量。

(2) 修剪基本方法

1) 疏剪：是指从枝条的基部将枝条剪除，目的是疏去竞争枝，使留下的枝条补空生长。对于病虫枝、交叉枝、重叠枝、枯枝以及密生枝等都要进行疏剪。

2) 短截：一般剪去一、二年生枝的前段，有调节花量、平衡树势的作用。短截营养枝，能减少次年的花量；短截衰弱枝，能促进抽发出健壮的新梢；更新小侧枝、短截强旺的营养枝或徒长枝，能有效促进萌发侧枝或结果母枝。

3）回缩：就是短截四、五年生的枝条，更新枝序，改善树冠上下叶幕层及各部位的光照条件，促进枝条抽生。

4）摘心：及早摘除多余和不适当的芽，可减少养分消耗，促使新梢生长整齐粗壮。特别对于初结果的树，摘除夏梢顶芽是防止落果和迅速增加结果母枝的有效措施。在生理落果期，当夏梢长出 7 ~ 9 对叶片时，就要不误季节地摘除顶芽，一直坚持到结果母枝的形成为止。这样摘除夏梢，可达到落果少、产量高、品质好、病虫害少，结果母枝多、齐、壮、健，树冠紧凑，盛果期延长和密植的目的。但是，随着树龄增大，夏梢发生逐年减少，进入丰产期以后，夏梢极少，这时可不必摘心。

4. 自然放任树与特殊树的处理

对油橄榄自然放任树与特殊树的处理可参考 1.6.3 的内容进行。

2.6.2　高接换优

如果油橄榄到了结果期不结果、结出的果实品质不好或者低产，就要实行高接换优技术，在树枝上换接优良品种的接穗。因为大树有强大的根系和枝干，养分充足，所以接上的接穗若管理得当，在 2 ~ 3 年内就能恢复到原来树冠大小，并能取得较高的产量。将育种、引种材料高接在大树上，可提前结果，提早鉴定性状。

1. 高接时间与品种选择

换接的新品种必须是适应当地气候条件的优良品种，且与换接的大树具有亲和力。高接春、夏、秋季均可进行，春季可用切接，夏、秋季用腹接，但在一年之中，以 3 ~ 6 月高接成活率好，生长速度快。

2. 高接的方法与部位

嫁接方法可采用切接、皮下接、芽接等方式，具体可参照 1.6.4 中“2. 高接方法”的内容进行。4 ~ 5 年生的幼树，在主枝上嫁接，可接 5 ~ 7 个头。7 ~ 8 年生以上的大树，在 2 ~ 3 级分枝上实行高接，即选择分布均匀、粗度在 3 cm 以上的枝进行嫁接。

3. 高接封闭剂的配制

高接换优在用塑料薄膜绑缠的同时，也可使用封闭剂，主要配方有两种。配方 1：松香 50%、蜂蜡 30%、动物油脂 15%、酒精 5%。配方 2：松香 20%、矿蜡 20%、动物油脂 55%、酒精 5%。配方比例为质量百分比。熬制方法是先将松香、蜂蜡或矿蜡放入锅里，煮融后加入动物油，搅拌均匀，冷却后加入酒精即成。用时可稍加酒或酒精。

4. 高接后的管理

油橄榄高接后的管理可参考 1.6.4 中“3. 高接后的管理”的内容进行。

2.6.3 环割倒贴皮技术

1. 环割倒贴皮的作用

实施环割、环扎、环剥和倒贴皮是油橄榄重要的丰产技术手段，该技术能短时间阻断树体枝干对水分的吸收，使树叶吸收的养分不能向根部输送而积累在树干之中，从而减缓了抽梢，促进树体枝干从营养生长向生殖生长转变。种植者熟练地掌握和应用这一技术，会使少果树产生出很大的效益。

2. 环割倒贴皮实施方法

（1）环割

用小刀环形割透树干的树皮一圈或螺旋形割一圈或两圈，以不伤木质部为准，一般情况下果树 10 天左右可愈合。

（2）环扎

用 14 号铁丝把需要环扎的树干扎紧，一般不超过 100 天放开。

（3）环剥

割透树干树皮两圈，然后剥去两圈之间的树皮，两圈之间的宽度不要超过树干长度的 1/10，一般要 30 天后才能愈合。

(4) 倒贴皮

在环剥后，把剥下来的树皮上下对调，再贴上去，然后用透明胶粘好，让它又长在上面。

3. 实施时间与对象

环割倒贴皮技术在多雨季节进行，采用以上操作时，不要对幼树进行，因为幼树即使挂果也没有什么产量。另外，本技术不要在主干上使用，以免影响树的健康和存活寿命。

2.6.4　人工辅助授粉技术

1. 花粉采集

采集油橄榄花粉，要在即将开花前两天，用干燥洁净较大的牛皮纸或玻璃纸袋套住花枝。在空气洁净的环境条件下，如观察到袋外的花枝盛开就要取下纸袋。

2. 授粉时间

一般情况下，在开花后的 3 ～ 5 天内柱头能保持受精能力，这几天内可以进行重复授粉，时间以早上 7 ～ 10 点为最好。但在同一植株上的不同部位，甚至在同一花枝上的不同部位，开花早晚可相差一个星期或更长时间。在同一个花序上，所有的花朵可在 2 ～ 3 天内完成开放。如果气温下降，则花期可延长 10 ～ 12 天，此间要进行人工辅助授粉，就必须每天进行细致的观察记载。

3. 花粉处理与人工授粉

把采集在袋中的花粉倒在洁净的玻璃板上，然后用细网筛子过筛，便可得到该品种干净的花粉。用这种花粉可施行人工辅助授粉，方法是将采集的花粉装进手压吹粉器，当看到油橄榄花序盛开时，就站在上风口将花粉吹入园中。

2.7　自然灾害与病虫害防控

油橄榄在自然生长的情况下，常会发生自然灾祸和病虫危害。如管理不良，影响轻微者造成果实早落、榨油时出油率低，严重时可导致果实产量和产油率下降，而且油的酸价增高。鉴于自然灾祸与病虫害发生直接影响油橄榄的产量，各园主都应重视灾害的防控工作。

2.7.1　气象灾害的防御

西部河谷区是中国油橄榄的主要产区，地处大陆腹地，地形地貌复杂、气候多变、灾害天气频发，是全国多灾重灾区之一，主要的气象灾害有高温、低温冻害、冰雹、大风等。

1. 低温冻害的预防方法

低温冻害主要有春季和秋季低温、晚霜冻、寒潮大雪以及强冷空气侵袭带来的强降温等。陇南的油橄榄在越冬期间，即使在温度下降到 -13℃或更低，树体也能忍受而没有明显的伤害，这在生产中已得到了证实。但是油橄榄虽然耐寒冷，若脱离休眠期进入生长期，遇 10 ~ 20 年一遇的大冻害，或遇到特殊的强降温，花芽受冻后果实产量将大大缩减，有时甚至出现不可弥补的损失。油橄榄的花芽受到冻害后，往往肉眼看不出，容易被忽视。更严重的是在树液流动期，如果出现连续 7 ~ 8 天的降霜，每天晚间有 4 ~ 5 个小时的温度下降到 -6℃以下，一年生枝叶全会冻枯，刚栽植的两年生幼树也会冻死。在种植油橄榄的生态区域内发生冻害时，通常不同的品种表现出不同程度的抗寒能力，因此，生产中应选择抗冻性能较强的品种，同时要避冻栽培，油橄榄树不宜种植在常常出现 -6℃以下低温的区域，并且还要控制栽培区域的海拔高度不超过 1400m，以利花芽分化和安全越冬。

具体的低温冻害的预防办法可参考 1.7.1 的内容。

2. 高温干旱的预防方法

油橄榄栽培中高温干旱的预防可参考 1.7.2 的内容进行。

3. 地震、洪涝、泥石流的防御

参考 1.7.3 的内容进行。

2.7.2 病虫害防控办法

1. 病虫害种类

油橄榄的虫害在中国西部栽培区域还没有大范围发生过，但我们在引种、调苗、栽培、育种中仍要加以注意，以免掉以轻心而造成不必要的经济损失。油橄榄现阶段主要的虫害有：潜叶蛾、实蝇、巢蛾、木虱、豹蠹蛾、小蠹虫、蓟马、螟、蚊、象鼻虫、蜡蚧、灰蚧、矢尖蚧、吹绵蚧等。病害有根腐病、黄化落叶病等。

2. 防控遵循的原则

科学普及防治病虫害知识，重在讲究绿色技术，主张有了病虫害后，不动用化学药品，除了直接扑杀外，还可以改变环境条件，使之不适合病虫的生活，把病虫数量控制到不足以造成危害的程度。从整个油橄榄园生态系统出发，以农艺防治为基础，综合运用物理防治措施，创造不利于病、虫、草孳生而有利于各类天敌繁衍的环境条件，增进生物多样性，保持油橄榄园生态平衡，减少各类病虫危害所造成的损失。

3. 防控办法

（1）检疫

检疫是贯彻“预防为主、综合防治”的具体措施，是植保工作方针的具体化体现。检疫是利用国家制定的法令或条例，控制带有区域性危险的病菌和害虫，不使这类病菌及害虫人为地向新的地区传播。这一措施可以有效防止病虫害随种子、苗木、包装材料和运输工具等向非疫区传播蔓延。被定为油橄榄检疫对象的病虫害，有的在我国尚未发生过，有的在我国局部地区有发生，其他地区尚未发生。这种病虫害一旦不慎传入新区，由于短期处于无“天敌”状态，会迅速发展蔓延，危害性极大。因此，对国家检疫法规的落实，大家都要自觉遵守，不能存有任何侥幸心理。从外地引种时，必须进行植物检疫，不得将当地尚未发生的危险性病、虫和草，随种子或苗木带入，这是防治病虫害的最好方法。

（2）农艺防治

农艺防治是通过运用农业措施，有目的地改变某些环境因素，创造有利于油橄榄生长发育而不利病虫生活的环境，直接或间接地消灭或抑制病虫发生和危害。如园内开沟、改土、免耕、清除有害杂草、增施有机肥料、冬季剪除病虫枝、浅栽露基根等等，这些栽培技术措施都能有效地抑制病虫害的发生，促进树体生长健壮。

农艺防治的周期长，一般不伤害天敌、不污染环境、省钱、省力，并能够结合耕作、栽培、管理等农事活动进行，比较实用，丰产稳产效果明显，易于大面积推广应用。

（3）物理防治

利用物理因素和机械设备防治病虫称为物理防治法。利用温度、光线、风力、密度等消灭病虫害属于物理防治，而用一些简单器械直接捕杀害虫则属机械防治法。物理防治常用的有诱杀法、捕杀法等。

趋性诱杀：利用害虫的趋性原理，使用黑光灯、毒饵、性引诱剂等，进行色板诱杀、性诱杀或糖醋等诱杀，都能达到消灭虫害的目的。

人工捕杀：采用人工捕杀，可减轻毛虫、蓑蛾类、卷叶蛾类、象甲、蜗牛等害虫的危害。

（4）生态防治

生态防治就是提倡适度地、少量地使用农药、激素等化学制品，而寻找与病虫害作斗争的合理轮作、间种、倒茬等优化人工生态系统结构的办法，以引导创造有益于害虫天敌栖息的环境，利用天敌消灭害虫。生态防治安全性高，主要依赖于自然环境，不造成污染，能免除残毒之忧，对生产环境和人体健康都没有副作用，同时还能够改进果园环境，清除病虫害发生隐患，改良小气候，改善农业生产条件。

（5）生物防治

生物防治是利用有益的生物种间的斗争，以抑制和消灭害虫的大规模发生。如保护和利用当地油橄榄园中的草蛉、瓢虫和寄生蜂等昆虫，以及蜘蛛、捕食螨、蛙类、蜥蜴和鸟类等有益生物，减少人为因素对天敌的伤害。又比如，利用大红瓢虫防治吹绵蚧，用捕食螨防治红蜘蛛，利用赤跟蜂防治卷叶蛾以及用草蜻蜓防治蚜虫等。实施生物防治不存在害虫的抗药性和环境污染的问题，而且经济安全，如果能与先进的农业技术、化学药剂配合应用，使之相互补充，效果则更好，有条件的油橄榄园还可以使用生物源农药。

（6）农药防治

化学农药防治是利用有毒的化学药物来消灭病虫害的一种方法。药剂使用的方法有：喷雾、喷粉、熏蒸、烟雾、毒饵、胃毒、拌种、灌根等。在使用农药时，应根据消灭对象和农药种类，采用正确的使用方法。在生产中禁止使用毒性强、残余期长、残留物多、残效期久的杀虫剂与杀菌剂。

4. 防控注意事项

油橄榄生产要采用符合绿色食品质量标准的农药和技术。常用一种农药，害虫会产生抗药性，即使提高用药浓度，防治效果也会下降，最关键的是常用会导致油橄榄树体内重金属和有毒有害物质超标，影响产品质量和人们食用后的身体健康状况。为了对付害虫的抗药性，施用时应该变换农药的种类。一般农药对人畜均有毒，在喷药时切不可掉以轻心，应该做到孕妇、小儿、体弱多病、身体有伤口的人，不能参加喷洒农药。用药时要穿长袖衣、长裤、袜、鞋，还必须戴口罩、手套和眼镜。更为重要的是在喷洒农药时，绝对不能进食和饮水，喷洒完农药后，要赶快洗手洗脸。采果前一个月内，不能使用农药，不能用园内喷洒过农药的草哺育猪、牛、羊、鸡等牲畜和家禽。禁止使用和混配化学合成的药剂，如杀虫剂、杀菌剂、杀螨剂、除草剂和植物生长调节剂等。植物源农药宜在病虫害大量发生时使用，矿物源农药严格控制在非采茶、采果的季节使用。

2.8　果实、芽叶、采收加工与榨油技术

采果是油橄榄产业中重要的技术环节之一，一般由农民自己来做。采摘方法的不同会影响橄榄油的质量，高品质的油橄榄果是用手工摘的，落地果榨出的一般为劣质油。低碳经济遵循的是组织人力细致采摘而不用机械，同时减少环境污染。

2.8.1　果实采收与装运贮存

1. 采收时间

油橄榄果实未充分成熟时采收会影响产量和出油率，用其榨出的油呈青绿色并有果实味道。在 10 月下旬，大多数油橄榄果呈紫罗兰色或黑色且外皮有灰白色粉末状时，可确定为采收期，这时采收的鲜果产油量高，油质含量和酸度适宜。如果将果实采收的时间推迟，果实反而会减轻重量，体积相应缩小，榨出油的质量也受到影响。果实在树上迟迟不采收，时间久了则过多地消耗树体的养分，严重地影响第二年结果。

2. 果实成熟质量标准

果实成熟在感观上主要以形态成熟度为标准，当 80% 的果实

进入成熟时即可采收。一般采收的果实干净无杂质、果肉肥厚、皮薄饱满、果皮紫罗兰色或黑色者为上品。切记，在采收时，必须将树上采收的果实同落在地面的果实严格分开，因落果榨出的油香味差、质量次，不适于作特级油直接食用。另外，果实成熟期常受气候和大小年的影响，大年成熟期推迟，小年成熟期往往提前。可见，掌握正确的成熟期，并及时地采收果实，是油橄榄生产中重要的一环。

3. 采收注意事项

采果的器具应清洁、无污染。采收时应动作轻巧，注意保护树干、树枝。果实含油率与采收前的天气有很大关系，采收前如天气干燥，温度较低，果实含油率相对而言就高些；反之，天气长时间降雨，温度较高，果实含油率则相对地降低。在实际生产中，每天采收的果实的含油率和游离酸度都有着很大的差异。

4. 装运要求

充分成熟的油橄榄果采收后，要及时装箱运往榨油厂。产品运往加工厂前，要对收获的果实进行初步处理，如清除杂质、挑拣分装破损的烂果等。同时，严格检查所使用的车辆、盛装容器等，是否清洁、干燥，是否无污染、无破损，是否完全符合绿色食品包装材料质量要求。运输时不应与其他有毒、有害、易串味物质混运。同时，在运输过程中，不得挤压果实，造成其不能存放而发酵，影响油的品质。

5. 贮存原则与方法

果实采收后，因不能立马加工完毕，便需要一段时间的贮存。油橄榄果实贮存的条件较苛刻，基本要求是在贮存过程中不改变果实含油量和品质，油的产量、酸度、香味不受到影响。但在贮存中稍不注意果实就会发生变质，一是果实本身含有大量水分，酶的水解作用促成了果实温度上升和发酵；二是由于腐烂果实之间的感染，果肉发酵，油分氧化，微生物引起脂肉分解，导致果浆变质，所榨出的油质量变劣。目前油橄榄果实贮存归纳起来有如下几种方法：

①库存法：在果实数量不太多的情况下，可堆放在无污染的库

房地面上。堆积厚度 20 ～ 45cm，每 2 ～ 3 天翻动一次，有条件的可安装通风排湿设施，此法能存放 8 ～ 10 天不变质。如若堆积厚度 15 ～ 20cm，可存放 20 ～ 30 天不变质。

②窖存法：在窖中堆放果实的高度可达 1 ～ 6m，通常果堆顶部温度为 20℃时，而果堆中心的温度则高达 45℃，造成果实的酸度普遍增加。为减免高温发酸，可每天对果堆灌透水 2 ～ 3 次以降低果堆的温度。此种方法可贮存 20 ～ 30 天。

③水存法：就是把果实全部浸泡淹没在水池等容器中，最好用流动性水。如循环用水，则应安装净化装置。使用不流动的水，需加盐或生石灰进行调节。此法贮存时间可超过 50 天。

2.8.2　油橄榄茶采摘加工

1. 油橄榄茶采摘原则

采摘油橄榄树上生长的芽、叶，要遵循采留结合、量质兼顾和因树制宜的原则，适时进行采摘。一是成品茶对加工原料的要求较高，宜采用提手采，保持芽、叶完整，立求新鲜、干净，不夹带老枝叶。切忌在被有害物污染过的油橄榄树上进行采芽、采叶。二是采用清洁、通风性良好的竹编网眼茶篮或篓筐盛装鲜叶，采下的芽、叶及时运抵厂房，防止鲜叶变质和混入有毒、有害物质。三是对采摘的鲜叶要有采摘记录标签，注明品种、产地、采摘时间及操作方式。四是采芽、采叶的目的在于提高油橄榄园的经济效益，原则是在不影响结果的情况下施行，前提是对提升产量和应对大小年做好技术调节。

2. 加工要求

鲜叶原料采自经认证的绿色茶园，不得混入非绿色茶园的鲜叶。鲜叶运抵加工厂后，摊放于清洁卫生、设施完好的贮青间，禁止将鲜叶直接摊放在地面。加工人员要持上岗证，加工厂房有卫生许可证，场地、环境及设施清洁，采光良好。茶叶加工设备不允许含铅，使用期间要经常保持洁净。加工厂远离垃圾场、医院 200m 以上，离经常喷洒化学农药的农田 100m 以上，离交通主干道 20m 以上，离排放“三废”的工矿企业 500m 以上。制茶专用油用于茶叶加工中直接接触的金属表面，允许使用经过认证合格的天然植物作茶叶产品的配料。

3. 质量要求

茶叶质量按加工种类和油橄榄品种鉴别，一般老叶不作茶用，刚长成的嫩芽、嫩叶可采摘作茶。要芽分芽、叶分叶炮制，并芽、叶分级包装。经送甘肃省产品质量监督检验中心检验，油橄榄叶片中含大量的有机物质，以 g/100g 干基计，其中含脂肪 2.77%、蛋白质 15.03%、茶多酚 0.916%、生物碱 1.36%、单宁 9.28%、多糖 9.732%；以 mg/100g 干基计，含黄酮 606.55%。除此之外，油橄榄叶中还含有丰富的氨基酸和人体必需的微量元素，可用于制作袋泡茶、饮料等保健饮品。油橄榄茶产品已销往全国各地，这为油橄榄生产创新出了一条增收的门路。

2.8.3 橄榄油的生产

1. 榨油加工厂建设

（1）场所环境要求

生产加工厂所处的大气环境，不得低于《环境空气质量标准》GB 3095 中规定的二级标准要求。上风口无矿区工业和医院，远离排放“三废”的工业企业 500m 以上。厂区内外要有生态林绿化带以长期保持自然生态系统的平衡。

(2) 加工车间

加工车间应采光良好，地面平整光洁，远离厕所、圈舍、公路等污染源 100m 以外；全面硬化处理，具有防蝇、防尘、防鼠设施，并经常打扫、保持整洁；有卫生行政管理部门发放的卫生许可证。

(3) 设备仪器

所使用的专用机械必须节能环保，且来自于获得“低碳体系”认证的企业。生产设备和仪器不得含铅和含其他有害物质，不得产生二氧化碳等多种温室气体；生产期间应每天对设备和仪器进行消毒清洁。

（4）生产用水

水质必须符合《生产饮用水卫生标准》GB 5749 对生活饮用水的要求，生产中应节约水资源，不浪费饮用水。

2. 橄榄油榨取技术

橄榄油是用绿色技术从油橄榄鲜果中冷榨而得，它的加工技术简捷，只要通过机械和物理方法就能把油的成分从鲜果汁液中分离出来。

（1）洗果压榨

要保证橄榄油的质量，果实采回后，即要用清水洗净，除去土粒、石子、树枝、杂草、树叶等。如果温度低于5℃，允许使用温水洗果。对洗涤后的果实，一定要做好滤水工作，反之，带水的果实研磨粉碎困难。落地果、病果、破烂果要求选出专榨。压榨是把油橄榄果实中的汁液，包括油和水分都从果浆中压出来的一种技术。压榨的压力靠的是挤力和重力，从而使液体部分不断地与果渣分离，然后通过油水分离装置，即得到所需的橄榄油。

（2）油水分离与贮油

榨出的混合油含有水分和残渣，须即时分离。简单的方法是静置分离法，或采用泵入板式滤油机进行精过滤。最好采用离心机把油分离出来，这样既缩短了分离时间、减少了氧化，油纯度也很高。精滤后的油即装入油桶密封暂存，1个月后翻桶除去油脚，入库保存，油和油脚分装。油橄榄果实平均出油率20%～30%，最高出油率35.4%。

（3）初榨油与果渣油

每100kg油橄榄鲜果可得初榨油20～30kg、油渣35～40kg、果汁水35～45kg。油可包装销售，油渣一般含有残油4%～6%，最高可达12%。油渣中残油可通过有机溶剂浸提，但从油渣中浸提出的油，质量不如初榨橄榄油，经过精炼后才能食用。

（4）副产品综合利用

果渣含水20%～30%，含果肉30%～35%，含核壳碎屑及其他纤维物质30%～35%，乱丢弃会污染环境，但通过加工可做饲料。油脚是橄榄油贮藏过程中沉淀于贮油器底部的沉淀物，被清除出来的油脚可用于制作糕点、肥皂和洗涤剂等。果汁水由机械方法榨油时离心分离排出，乱排放会污染环境，但经适当的处理后，可用于浇灌农田和果园。在生产中可对这些材料进行综合回收利用，将其中有用的物质成分开发出饮料、化妆品等新产品，或者制作成食用酒精。

3. 橄榄油质量标准

（1）油质控制

橄榄油的质量受到一系列因素的影响，就果实质量来说，因品种、立地条件、栽培技术和采收时间的不同，故而榨出的橄榄油差异很大。特别是地上的落果如果掺在好的果实内，很容易降低油质。从榨油技术来说，因榨油设备的材料问题会使金属粉末落到油中、洗果时用热水过多、压榨时果汁中的水分发酵、车间温度不在 18℃～20℃、压榨中微量溶剂等物质混合和残留在油中等等因素，都会影响油质。而橄榄油的质量高低决定了油的色、香、味和酸度。

（2）质量检验

鉴定油的色、香、味的办法，到目前为止还是用主观的检验法，即用鼻嗅、用口尝。这种检验方法一般能满足生产和商业要求。客观的鉴定方法，到目前还很不完善，效果也不理想。实验室的检测分析法，能够鉴别出油的色、香、味等指标，测定出油的纯度因子，包括油的酸度、过氧化物指标以及油的腐败程度、颜色等。橄榄油按实际应用情况，分为食用和非食用两类。

（3）国际橄榄油分级标准

特级：游离酸度低于 1.1%，具有浓郁的果实气味，用来拌凉菜或生吃。一级：游离酸度不超过 1.5%，无任何缺点，但色、香、味不如特级油。二级：即普通油，酸度不超过 3.3%，有不同程度的缺点，但不影响食用。值此说明，二级普通油是由果实堆藏过程发热、采集中果实有落地或损伤、品种不佳、果实过熟等等缘故引起的。有些国家按游离酸度不同，把橄榄油分成 5 级。

（4）欧盟橄榄油分级标准

为了有利于消费者，欧盟委员会制定了新的更清楚的橄榄油分级标准。欧盟执行橄榄油四级分级标准：极品橄榄油、纯洁橄榄油、精制橄榄油与轻榨橄榄油的合成油以及橄榄油渣食用油。此标准比较干练，对市场销售的橄榄油的标签和产品宣传等都明确规定了一个框架。这项法规既是欧盟委员会的质量政策，也是加强橄榄油市场管理计划中的一部分。可见,欧盟委员会和欧洲议会,已把制定橄榄油销售标准作为欧盟提高橄榄油质量战略的一部分。为保护消费者，新规则要求盛装橄榄油的容器不能大于 5L，并须采用新的一次性密封条封口方式，同时商标必须标明橄榄油等级。其次，新规则还规定橄榄油含量低于 50% 的混合油，不能在标签上以橄榄油名义出现。

（5）西部陇南橄榄油质量分级

中国西部陇南的橄榄油已有一定产量，越来越多的橄榄油生产企业以绿色食品油橄榄鲜果为原料冷榨而成橄榄油，分为以下 3 个质量级别：特级初榨橄榄油：原生油，具有橄榄油特有的风味和滋味，酸度≤ 1%。优级初榨橄榄油：原生油，具有橄榄油固有的气味和滋味，酸度≤ 2%。普通初榨橄榄油：原生油，具有橄榄油良好的气味和滋味，酸度≤ 3%。特级初榨橄榄油与优级初榨橄榄油这两种橄榄油，都是国际上橄榄油中高级别的橄榄油。

4. 质量品尝与鉴赏认证

（1）质量标准认证

橄榄油的生产地和最终产品都必须获得绿色认证，只有经办认证手续的油橄榄产品才是符合人类消费要求的橄榄油。

（2）品尝鉴赏要领

生产者与消费者最好能亲自品尝并鉴别您所生产或购买的产品。一是在品评前 30 分钟或品评过程中，不要使用香水、除臭剂、香皂和口红，也不要抽烟、吃甜食、喝咖啡和酒。二是把需要品评的橄榄油依次倒入小的玻璃杯中，每次拿起一杯，手掌紧贴杯底，轻轻晃动，用手掌的温度慢慢将橄榄油加热，使油的香味充分散发出来。

（3）质量鉴品办法

1）闻：鼻子尽量靠近橄榄油，慢慢地连续 2 ～ 3 次深吸气，注意嗅到的气味，如果需要，一分钟以后重新再来一遍。如闻到橄榄果香味，即可确保产品质量；有陈腐味、霉潮味、泥腥味、酒酸味、金属味、哈喇味等异味，则说明橄榄油已变质，或者橄榄果原料有问题，或储存不当。

2）观：观察油的色泽和透明度。油体透亮、浓、呈金绿色或金黄色，则说明油的质量较好，且颜色越深越好。而如果油体混、缺乏透亮的光泽，说明放置时间长，油已开始氧化。如颜色浅，感觉很稀、不浓，说明是精炼油或勾兑油。

3）尝：每次喝 2 ~ 3mL，在口腔中把油润到各个部位。如口感爽滑，有淡淡的苦味和辛辣味，尝罢喉咙的后部有明显的爽快感觉，辣味感觉比较滞后则说明油质较好。若有异味，或者干脆什么味道都没有，说明油已变质，或者是精炼油或勾兑油。

5. 贮存、包装、运输

（1）橄榄油贮存方法

橄榄油容易氧化，如果贮存时间过长，贮存的方法不好，则会引起变质而不能食用。成品油不得露天堆放，且堆放必须有垫板，离地 10cm 以上，离墙 20cm 以上；并不得与有毒、有害、易串味、腐败变质的物品同一仓库贮存混放。成品油仓库必须清洁、干燥、通风，无鼠虫害。

橄榄油必须要按油的质量等级分别贮存。贮存的条件要求不透空气，不透光；温度保持在 15℃左右；贮油罐或油缸的材料不得与橄榄油发生任何物理或化学反应。

在大规模生产中，一般将贮油罐、槽埋在地下，这样不仅方便，还容易满足贮存要求。贮油槽内壁采用玻璃瓦、瓷瓦或搪瓷瓦作衬里材料较为理想，效果良好。橄榄油的贮油库必须远离污染源，并建在没有任何污染气体的地方，因橄榄油吸附性强，很容易吸入其他气味。现在由于橄榄油的贮存量日益增大，已趋向于使用地上贮油器以解决地下贮油的一些困难，一般都采用不锈钢或玻璃钢作地上贮油罐。

（2）清除橄榄油脚

橄榄油在贮存过程中要定期清除油罐、槽底部的沉淀物。一般经过油水分离后得到的橄榄油中还含有0.2% ~ 0.5%的杂质和水分。贮存后这些杂质沉淀下来，它们含有丰富的糖分和蛋白质，容易引起发酵和腐败，使油变质。如果是酸度高的油，贮存后很快变透明并把杂质沉入底部，而质量好的油则沉淀比较缓慢。为了便于清除沉淀物，可把贮油槽底部安装成圆锥形，在锥顶有一阀门，当沉淀物积聚在锥顶后，只要开放阀门，就可快速地排出油脚沉淀物，这样既方便又可防止空气进入贮油容器而引起氧化。同时，可在贮油罐中充装氮气，以隔绝氧气，从而减少氧化。

（3）橄榄油过滤分装

在橄榄油从大型贮油槽取出进行分装前，不论是瓶装还是罐装，都要进行最后一次过滤。一般是在过滤器的底部铺一层亲水棉花，让油滤过。过滤后的油再用滤纸过滤一次，就是所谓的“加光”油。

橄榄油的分装方式直接关系到油的保存质量，因为在无盖容器中贮藏的油同包装好的油在保存时间和保存状态方面，质量情形是不尽相同的。如果分装时，让油长时间暴露在空气中，油就不断氧化，过氧化物含量不断上升，香味减弱，经一定时间后油质就由香变为哈喇。在密闭的油罐中，只有罐顶的空气中存在着少量的氧，油质才不易变哈喇。

（4）橄榄油包装容器

盛装容器必须清洁、干燥、无污染、无破损，销售包装必须牢固、不泄漏、半透明，并符合食品卫生要求的规定。因为橄榄油中含有很高的抗氧化成分，它在阴凉避光的条件下，能保存 24 个月的时间不变质，这是其他任何油类及天然果汁无法比拟的。橄榄油的保存对于品质非常重要，强光对于橄榄油影响较大，其最适合保存在深色的玻璃瓶中。橄榄油的包装种类很多，大型的是金属油桶，为避免把金属气味带入油里，可利用环氧树脂或环氧衍生树脂来衬垫油桶的内壁，这样既保证油质又能延长贮存时间。这种油桶一般在长途运输和出口时使用较多。小型装油容器规格极多，陇南包装材料均以 400 ～ 500mL 无色或半透明玻璃瓶为主。

（5）产品标志与运输

所有产品标志应符合《预包装食品标签通则》GB 7718 的要求。销售上市前，必须标明产品名称、质量等级、净含量、生产厂家（公司）名称以及厂址、生产日期、贮存方法和产品标准编号等。运输工具、车辆等必须清洁、卫生、干燥，无其他污染物，完全符合绿色食品的质量要求。运输过程中必须遮盖，防雨防晒，不得与其它有毒、有害、易串味物质混运。

第3章　花椒生产建设技术

3.1　花椒概述

3.1.1　物种学特性与分布

花椒（图 3-1）为芸香科花椒属植物，灌木、小乔木或木质藤本，全世界约有 250 种，分布于亚洲、非洲、美洲及大西洋地区，我国约有 41 种，14 个变种。其中，花椒亚属 13 种 7 变种，崖椒亚属 28 种 7 变种。中国为花椒栽培面积最大、产量最高、分布最广的国家，除内蒙古和东北以外，其他省份都有分布。野生花椒多天然分布在秦岭山脉、泰山山脉、太行山脉海拔 1500m 以下的地区。

图 3-1　花椒的果实

3.1.2　文化与历史渊源

花椒原产中国，古代称为椒、椒聊、秦椒、凤椒、丹椒、蜀椒等，对其的利用可以追溯到商代。早在 2600 多年前的春秋时期,《诗经》中就有“有椒其馨”的诗句。北魏时期，我国杰出的农学家贾思勰在《齐民要术》中就记载:“蜀椒出武都（今陇南),秦椒出天水”。西晋末，由于花椒食用功能得到技术开发，加之社会需求的增加，我国开始有了栽培花椒，并逐步形成了产业。到了南北朝时，种植花椒已颇为兴盛，而且也有种椒方法的记载。

花椒入药，最早见于秦汉时期的药学专著《神农本草经》，认为花椒可以“坚齿发”、“耐老”、“增年”。将花椒叶、果实作为调味品，始于东汉。北魏时期的《齐民要术》记载:“其叶及青摘取,可以为菹,干而末之,亦足充事”。

3.1.3 商品价值

1. 椒粒医药功能

花椒果实既是食品调料，又是一味中药。《中药大辞典》记载：其性热、味辛，可止痛、杀虫，主治脘腹冷痛、吐泻及蛔虫病等。种子能行水消肿，主治水肿、小便不利。本品归脾经、肺经、肾经，芳香健胃、温中散寒，解鱼腥毒。现代研究表明，花椒可以促进试验动物的各种内分泌腺机能，包括生殖腺机能，故花椒适用于治疗中老年人的内分泌机能衰退，有类似人参、鹿茸的强壮作用。日本资生堂已经发现花椒中的一种成分具有抑制白发生长的作用，已开发提炼出防止白发生成的护发剂。

2. 嫩椒芽的食用功能

嫩椒芽是一种优良的木本蔬菜，含有极为丰富的营养成分，人们普遍喜食。其中，粗蛋白含量高达 27.6% ~ 35.3%，粗脂肪含量达到 1.29% ~ 1.96%。蛋白质、氨基酸、脂肪和主要矿质元素含量显著高于香椿芽。开发椒芽菜有利于丰富蔬菜资源，增加蔬菜种类的多样性。

3. 花椒的保健功能

经现代医药分析研究，花椒具有抗癌、抗菌消炎、抗动脉硬化、抗血凝、降血脂等多种生理活性，可增强机体在抗菌、抗病毒、抗肿瘤等方面的免疫能力。

3.1.4 花椒生产现状

1. 花椒的开发地位

中国西部优越的气候特点为花椒的发展和存在提供了得天独厚的条件，因此，花椒是西部最具竞争力的经济林树种之一。据调查，甘肃陇南和天水，陕西的韩城，四川的金阳、茂汶、汉源，重庆的江津等地为全国闻名的花椒产业基地。其中甘肃陇南的‘大红袍’花椒，以果皮丹红、粒大饱满、芳香浓郁、麻味醇厚而久有胜名；武都县的花椒栽培总面积、总产量和总产值，都排名在该市其他果树之前。花椒在百姓日常生活中已成为调味品之王，在中医药品之中也有着其他药材无法取代的作用。

2. 生产和市场现状

因中国西部地区极重视花椒生产，所以栽培的花椒得益早、见效快、用途广、价值高，被当地的人们誉为“五宝树”。近年来，甘肃省陇南市委、市政府，把花椒产业作为加快全市农村经济发展的主导产业全力推进，已经建立起基础稳固、布局合理、重点突出的“一区五片”花椒产业基地。许多省也涌现出了不少花椒生产示范乡、示范村和示范户，建立了许多农村专业技术协会，组织成立了营销队伍。陇南花椒不负盛誉，历居全国花椒之冠，为西部农村经济发展繁荣和振兴增添了新的活力。现西部花椒栽培总面积达2000多万亩，年产脱子椒粒约20万吨，陕西、河北、四川、山东、甘肃、重庆等省市花椒栽培种类多、面积大、产量高、品质好。据此，许多重点生产县还建起花椒专业市场、加工厂和上规模的花椒营销公司，花椒经纪人走南闯北，使生产的花椒产品不仅在国内销售，还远销俄罗斯、巴基斯坦及东南亚诸国。

3. 试验科研状况

西部花椒的整个产区基本都很重视对花椒生产的研究攻关，在品种选优、苗木繁育、病虫害防控方面有突出成绩，甘肃省陇南市成立了国家首个花椒博物馆。陇南市经济林研究院花椒研究所专门开展花椒产业的试验研究、科技示范、科技推广、科技服务工作。同时，经济林研究院申报成立了甘肃省特色经济林良种繁育工程研究中心，按照科学合理、扩大规模、完善创新、提质增效的原则，针对全市花椒生产中急需解决的问题，建立了集科研、示范、生产、观光为一体的花椒引种繁育试验园，开展试验研究、示范推广等工作，服务农村，不断提高科技支撑力度和服务职能。在花椒品种引进与种质资源收集工作方面，已在陇南市武都区马街镇官堆村南山脚下，初步建成50余亩花椒引种繁育试验园，进行国内外花椒优良品种引种驯化、种质资源收集、丰产栽培示范、采穗圃建设和优良品种苗木繁育等工作，截至目前，引进、收集国内外花椒品种类型23个，同时进行了嫁接栽植技术试验。甘肃省秦安县林业局的科技人员，选育出的‘秦安1号’花椒，具有丰产、稳产、优质等特点，特别是它的抗寒性、抗旱性特别强，为培育优良品种奠定了基础。另外，花椒研究所还开通了技术咨询服务热线，为全市椒农答疑解惑、提供全程技术服务，使花椒产业开发取得了突破性的进展。

3.1.5 花椒生产中存在的问题

1. 缺乏良种、品种混淆

花椒栽培严重缺乏良种供应，育种选育的新品种少，对整个西部花椒种质资源情况缺乏全面系统的调研，对花椒资源底子不清，品种利用率低且品种名各产区叫法不一，种苗良莠混杂，监管工作薄弱，生产中苗木来源大多都是农户自繁自育且基本上采用播种繁殖法，这些都对花椒可持续发展极为不利。

2. 生产规划不合理

对花椒苗圃地与栽植建园选址缺乏科学规划，表现为苗圃地和栽植园不在一地，各为其利，相互脱节，忽视了花椒吸收根容易失水干枯的特征，往往起苗与栽植的时间相差甚远，致使大部分苗木经过长时间假植，根系生活力降低，导致栽植成活率降低，建园质量差、林相不整齐。

其次，规模化栽培时没有遵循因地制宜的科学理念，而是不分立地类型，种植同一个品种，致使抗御自然灾害能力严重下降。

3. 技术普及力度薄弱

花椒栽培面积在西部迅速扩大，而技术人员相对较少，导致科技普及推广工作滞后。部分椒农重栽培轻管理，缺乏对各种自然灾害的认识和抵御能力，建园、整地、栽植、施肥、锄草、修剪、病虫害防治等综合管理薄弱，科技培训不足，生产服务滞后，示范推广样板少，严重影响了花椒的产量、质量和持续增收，产业科技含量与国际化大市场的要求还有不小差距。

4. 采摘制干技术落后

花椒生产机械化程度低，采摘和制干环节薄弱。一是由于花椒果实颗粒小，多年花椒都是手工采摘，可见采收速度慢、难度大、工作效率低、用工多。人工采摘，虽在一定程度上解决了当地及周边农村剩余劳动力问题，但是随着劳动力成本的增加，人工采摘费用居高不下，大大增加了生产成本支出，即便加大了商品投入，反而降低了花椒产业的市场竞争力，所以随着花椒生产规模扩大，人工采摘问题日益显著，已成为限制花椒产业发展的重要因素。二是在花椒成熟期，大批量花椒成熟时间集中，传统的自然晾晒方法受天气影响大，而花椒成熟与降雨同期，即使栽植大户有宽敞、平坦的晾晒场地，也存在一定的制干困难。当天采摘的鲜湿花椒如果不能完成摊晾和暴晒，果皮色泽就会暗褐无光，香麻味锐减，直接影响花椒的品质。如果降雨时间较长，果实即霉烂变质，椒农经济损失十分明显。三是花椒产量逐年增加，采摘后销售时的运输压力也不可忽视，增加了花椒价格的不稳定性。

5. 商品深加工利用率低

花椒生产的大多数企业，以粗加工粉末或与其他调料稍加调配再销售，深层次商品加工利用少。有些则以干花椒原料为商品，仅用简单的编织袋包装后从产地运往分销商至零售商，其挥发性香味精油物质成分，随着层层流通环节的增加，不断地被逸散和损耗。花椒颗粒被加工成粉末时，其自然香味的消耗更大，挥发精油的成分仅剩 0.5%，调味附加值更为降低。据研究，1000kg 的花椒果皮，经深加工可提取 40 kg 椒油，再经稀释配料，即得 3200 kg 系列产品，如分装成 100g 装，售价以 4 元 / 瓶计，总产值可达 12.8 万余元，将获纯利润 5.8 万元。近年有些出口国外的干花椒，经外企加工增值的产品再返销，致使我们的花椒成为国外加工企业的廉价原料供给基地，其主要原因是我国技术研发起步晚，明显落后于世界先进水平。

3.1.6　花椒可持续发展的对策

1. 重视新品种选育

选育丰产、稳产、大果、优质、外观质量高特别是无刺或少刺、富含药用成分及高精油品种。选育不同成熟期、抗旱、抗寒、抗病虫、耐瘠薄、自花结实能力强的良种。

2. 实施整形修剪技术

要重视椒树的整形修剪，特别对低产园放任树要因树制宜改造修剪。注意对大枝的修剪伤口要用融化的蜡封口，然后再用塑料薄膜包扎，以防伤口感染病菌或失水干枯死亡。对结果枝组进行复壮修剪，应疏缩结合，以使枝条分布合理，冠形圆满，通风透光，树体转旺，结实丰产。同时，要有选择地改造树形，利用主、侧枝中后部的徒长枝培养成结果枝组。要更新好衰老枝组，培养好内膛结果枝组，增加结果部位。

3. 强化劣种换优技术

采用嫁接技术，用枝接和芽接技术相结合，强化歪劣椒园品种改良换优，将整园劣种植株换成优良理想的品种。

3.2 种苗繁育及田间管理

花椒可以通过实生、嫁接、扦插、组织培养等繁殖方法来保证苗木供应及其生产性状的稳定。要对花椒种质资源进行全面清查，筛选出一批适合当地栽培的优良品种。建立良种苗木繁育基地，规范苗木市场，实行严格的种苗管理制度，所繁育苗木的品种、苗木出圃质量等应由当地林业部门或花椒协会进行监管，确保生产的苗木品种纯正，真正实现花椒栽培中所需的良种壮苗，改变目前品种混杂、良莠不齐的局面，全面提高优良品种普及率。

3.2.1 苗木繁育

花椒遗传稳定性较好，实生苗差异较小。实生苗育苗技术简单、易于操作、出苗率高，因此，椒农在花椒苗木繁育中多采用播种育苗。

1. 实生苗繁殖

（1）选地育苗

选择背风向阳的缓坡地、平地、排水良好的沙质壤土和灌溉方便的地方育苗，不选重茬地育苗。

（2）整地施肥

在入冬前每亩施腐熟有机堆肥2500～3000kg，并进行一次30～40cm的深翻。育苗地整好后做畦，畦的长度根据育苗地情况而定。

（3）选种采穗

选择‘大红袍’、‘二红椒’等果大肉厚、色红、香麻、丰产优质型品种，并登记标号采集果穗。做育苗种子用的花椒果实应在完全成熟时采收，待摊放晾干至裂口时用小棒轻轻敲打，露出种子后用筛子筛出，然后用草木灰水去掉油脂，捞出后再用清水冲洗干净阴干备用，或直接播进苗床。若是用八月椒、荀椒等种子作砧木育苗，采种方法同前。

（4）催芽播种

来年春季育苗时，种子与湿沙分层交替混合贮存，在播种前20～30天将混合贮存的种子与湿沙移入向阳温暖处堆放催芽，堆高不超过30cm，每星期翻动一次，在春分前将已萌发的种子播入苗床。播种时按25cm的行距开沟，沟深为5cm，种子均匀撒播入沟后，上覆3～4cm肥土，轻轻镇压。每亩需种子10～20kg。播种后保持土壤湿度，约40～50天即可露芽出土。

（5）出苗管理

幼苗出现4片叶时除草间苗，留苗株距4～5cm，夏季如遇干旱和强光天气，应防旱遮阴、浇灌清水。

2. 嫁接苗培育

（1）准备工作

一是在嫁接前的20～30天，把砧木苗离地13cm内的叶片和萌枝全部除去。同时，进行一次灌水、追肥和除草。二是准备修枝剪、嫁接刀、塑料薄膜条等嫁接用具。三是选优良品种成年结果无刺花椒树，择一年生向阳面的健壮枝条为接穗，每50～100枝打成一捆，标明品种、产地、采集时间。四是将接穗保持在5℃以下湿润环境中贮藏，原则上随采随嫁接。

（2）嫁接方法

1）切接

时间3月至4月上旬。在砧木离地面5～7cm处，剪去砧木上半部分，用嫁接刀在断面偏侧垂直切下，切口长约2～3cm；接穗上端留1～2个芽，接穗下端削成楔形，削面与切口同，然后把削好的接穗插入砧木切口中，使砧木与接穗两者的形成层彼此对准吻合；最后用塑料薄膜带快速绑扎严紧。

2）腹接

时间3月至5月。在砧木离地面6～10cm处，选一平滑面，用嫁接刀切削下“T”字形树皮少许；选接穗长约6～8 cm，上端留1～2个芽，下端削成大斜面，另一面两侧微削一刀，尖端呈楔形微削一刀，然后，把削好的接穗插入切割好的砧木腹内，使砧木与接穗两者的形成层彼此对准吻合；最后用塑料薄膜带快速绑扎严紧。腹接方法见图3-2。

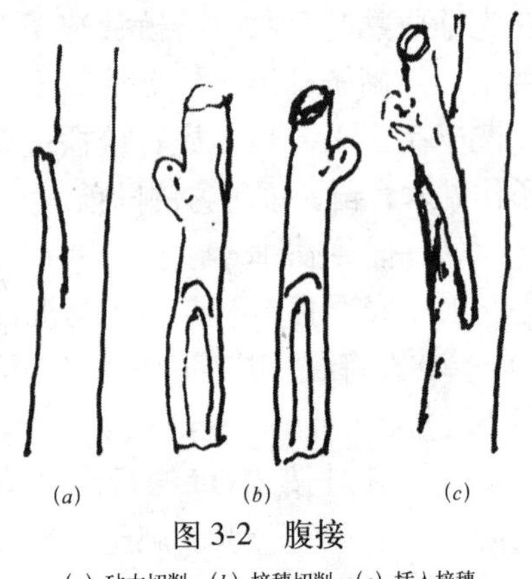

图3-2 腹接

(a) 砧木切削；(b) 接穗切削；(c) 插入接穗

3）芽接

时间7月至8月中旬。在砧木离地面6～10cm处,选一平滑面，用嫁接刀横切一刀，深度以切透形成层为度，再以横切口的中央垂直向下划1～2cm的纵切口，使切口呈“T”字形，并用刀尖将皮左右剥开；左手拿接穗，右手拿嫁接刀，从芽下方1cm处向上由浅入深斜削一刀，削至芽上方约0.6～0.8cm处横切一刀，后把稍带木质部的芽片取下，放入“T”字形切口内；最后用塑料薄膜带快速绑扎严紧。

(3）科学管护

嫁接后的苗木要及时去除砧木上长出的萌芽，以促进接口愈合及接穗的生长。待接穗新梢长到2～5 cm时，将嫁接部位以外的萌芽再行抹除，同时加立支棍扶干。嫁接初期，土壤缺水时应灌水，缺肥时应补肥，以解决砧木和接穗失水及营养不足的问题。

3. 组培苗培养

组织培养技术是花椒育苗的一种重要方法，尤其是在品种资源少、时间紧、任务重的情况下，组培育苗是一种快速育苗的好方法。陇南市经济林研究院在无刺花椒的组培快繁技术方面，经过几年的试验，成功地解决了花椒快速繁殖问题。试验基质材料采用蛭石、珍珠岩等，生根率可达90%以上。这便简化了生产程序，缩短了育苗周期，降低了生产成本，使大规模生产无刺花椒苗木成为可能。

4. 扦插育苗

无论用硬枝扦插或嫩枝扦插，应用生根粉处理，采用沙盘进行扦插。用生长素处理插穗基部可显著提高扦插生根率及生根数，但是繁育成本较高，一般不予采用。

3.2.2　苗木出圃

1. 出圃时间

苗高超过 100cm 时，在“秋分”或“春分”前后出圃。

2. 起苗方法

起苗时注意根系完整，做到苗木全株无损伤。

3. 苗木分级

木质化程度高、生长健壮的 1 ～ 2 年生苗，根幅 10 ～ 20cm，根径 1cm 以上，苗高 100 ～ 150cm 为一级苗；根幅 8 ～ 15cm，根径 1cm 以下，苗高 60 ～ 99cm 为二级苗。非一、二级苗木不用于栽植，营养钵苗例外。

3.2.3　苗木运输与保护

1. 打捆、包装、挂标

根据苗木运输要求，嫁接苗每 50 株或 100 株打成一捆，不同品种苗木要按品种分别包装打捆，根上粘泥，然后装入湿蒲包内。填写标签，挂在包装外面明显处，标签上要注明品种、等级、苗龄、数量、起苗日期等。

2. 检疫运输

苗木外运最好在晚秋或早春气温较低时进行。外运的苗木要履行检疫手续。长途运输时要加盖篷布，途中要及时喷水，防止苗木干燥、发热、发霉和冻伤。

3. 临时假植

起苗后不能立即外运或栽植时，要进行假植。苗木外运达目的地之后，如不能马上定植，应立即将捆打开进行假植。假植时，在沟的一头先垫一些松土，苗木斜放成排，呈 30° ～ 45° 角，埋土露梢。然后再放第二排苗，依次排放，使各排苗呈覆瓦状排列。当假植沟内土壤干燥时应洒水，假植完毕后，埋住苗顶。土壤结冻前，将土层加厚到 30 ～ 40cm 以上，春天转暖后及时检查，以防霉烂。

4. 苗木运输

运输时间越短越好，速度越快越好。同时运输苗木要有保湿措施，以防苗木风干，影响栽植成活。

3.2.4 有机肥堆制

1. 堆制方法

对人畜粪尿、秸秆、杂草、泥炭、油籽饼等原料，施行 50 ~ 55℃以上 6 ~ 8 天发酵，以杀灭各种寄生虫卵、病原菌和杂草种子，去除有害物质。

2. 高温堆肥卫生标准

最高堆温达 50 ~ 55℃，蛔虫卵死亡率达 95% ~ 100%。控制苍蝇滋生，肥堆内外没有活的蛆、蛹或新羽化的成蝇。

3. 堆肥腐熟度鉴别指标

（1）颜色气味：堆肥的秸秆变成褐色或黑色，有黑色汁液、氨臭味，铵态氮含量显著增高（用铵试纸速测）。

（2）秸秆硬度：用手握堆肥易碎，有机质失去弹性和硬度。

（3）堆肥浸出液：取腐熟的堆肥加清水搅拌后（肥水比例一般为 1 ：（5 ~ 10）），放置 3 ~ 5 分钟，堆肥浸出液颜色呈淡黄色。

（4）堆肥体积：腐熟的堆肥，其体积比初堆肥时塌陷 1/3 ~ 1/2。

（5）C/N：一般为（20 ~ 30）：1（其中五碳糖含量在 12% 以下）。

（6）腐殖化系数：30% 左右。

3.2.5 栽植建园

1. 选址建园

花椒在高山顶、阴坡沟、光照不足、土壤黏重、排水不良等处不宜栽植。对选择好的建园地全面开垦，坡度在 20° ~ 25° 的地方，以鱼鳞坑方式交替栽植为宜，一般坑径 80cm、深 50cm。干旱山区栽植时，可在 8 ~ 10 月下雨季节进行。有灌溉条件的区域，可在早春土壤解冻至苗木发芽前栽植。

2. 种植密度

肥沃土壤集约化栽培，每亩行距 4m，株距 1.5m，栽 100 ~ 120 株。瘠薄地每亩种植 90 株左右。零星地边、村旁、房前屋后等空隙地栽种单株或数株。

3. 定植方法

阴天起苗，栽穴稍大，以利展根。埋土时将备好的 10kg 堆肥与表土拌匀施入，埋土至苗株根际原土痕处时轻提一下苗木，使根系舒展，然后填土踏实，浇足定根水，以促成活。

3.2.6 田间管理

1. 施肥

视树冠和树龄大小选方位挖出 3 ~ 4 个穴，穴深 30cm，穴径 40cm，施肥量一般 10 ~ 15kg，或视地力、树势确定，方法是挑拣出石头和僵土，将腐熟有机堆肥与表土混合后施入。时间可在根系生长高峰期的 4 月 ~ 9 月，也可在树体休眠的冬季。

2. 扩穴除草

水源缺乏的山地，要对椒树全面扩穴，增强土壤蓄水量。同时，要按需要锄草，避免杂草与椒树争夺水肥。

3. 浇水覆草

施肥后要立即浇灌清水，并在树干周围的枝展外缘，覆盖 10 ~ 15cm 厚度的秸草，以利保墒。

应结合花椒的生理特性、当地降雨量、土壤墒情安排灌水，一般在萌芽前后、幼果发育期（4 ~ 5 月份）、采收后和封冻前应考虑灌水。萌芽前后最好大水快速漫灌；幼果发育期、采收后，可依据降雨量、土壤墒情确定灌水量；封冻前，根据土壤墒情掌握好灌水。温度较高时，灌水一定要在早晚进行。

无灌溉条件的花椒园，可以利用树盘覆草、地膜覆盖、施保水剂等抗旱措施，也可以利用鱼鳞坑和人工集雨等工程措施。

4. 抗旱与排涝

遇天气干旱及时浇水，以保证树体生长存活，防止落花落果造成减产。雨季则要对椒园易涝处进行开渠排涝，以免洪水淹灌，对低洼易积水的花椒园，也应充分考虑排水问题。

3.2.7 整形修剪

1. 树体整形

（1）双层分层形

有两个树层，主枝总数 5 ~ 7 个，并在主枝上培养数个副枝。

修剪时注意适当疏除过密枝。

（2）自然开心形

无中心主干，主枝3个，其间距基本近等，与主干呈50°夹角向外延伸，每个主枝上保留2～4个侧枝。

（3）丛状形

从根部地表以上长出3～4个主枝，每个主枝上选留2～4个角度适宜的侧枝，侧枝上有均匀合理的结果枝组。

2. 枝条修剪

幼树修剪时，一年生花椒苗只剪去纤弱的重叠枝，不短截。第二年以疏剪为主，短截修剪为辅。修剪结果树，只对生长枝顶端逐步落头，对侧枝进行轻短截。

3. 老树更新

一是疏除枯枝；二是利用树冠内的旺盛枝群，将其轻剪长放培养成为树体内的骨干枝；三是对于地上部分进行更新回缩，以培养萌生出新枝。

3.3 病虫害与冻害防控

3.3.1 病害防治

危害花椒的主要病害有干腐病、黑胫病（流胶病）、溃疡病、炭疽病、锈病、枯梢病、根腐病等近20种。按致病因素分，包括非侵染性（非传染性）病害和侵染性（传染性）病害两种；按病原分，包括生理性病害、病毒性病害、细菌性病害、真菌性病害、寄生线虫病害和高等寄生植物病害6种。

1. 症状类型

主要有粉、锈、霉、变色、坏死、腐烂、萎蔫和溢胶等。

2. 传播来源

靠病原物本身的活动能力进行传播；靠环境因素的动力进行传播；由人为作用而传播或是由病株、种子、苗木、土壤、肥料等传播。

3. 发生条件与过程

发生条件包括：一是植株本身抗病能力的强弱；二是有无病原

物来源；三是有无适宜于该病原物发病的环境条件。发病过程包括侵入期、潜育期和发病期 3 个时期。

4. 综合防控技术

第一，做好植物检疫工作，加强土肥水管理，增强树势，避免机械损伤。

第二，种植无病种苗，选择适宜种植花椒的土壤，进行科学的整形修剪，搞好综合管理。

第三，黑胫病是花椒上的一种比较严重的病害，利用高抗品种作砧木可以较好地解决这个问题，如八月椒、枸椒等品种就有高度抗黑胫病能力。同时，对得了黑胫病的花椒树，可在 3 月中旬至下旬刮除病斑，涂以 10% 石硫合剂或用牛粪：黄土 =1 ：1 的泥巴涂抹，外用塑料薄膜包扎。

第四，冬季喷 3° ～ 5° 波美度石硫合剂并进行树干涂白可有效预防花椒大枝干上的病斑，还可用快刀刮除发病树皮，涂抹 50% 托布津 500 倍液、843 康复液或 1% 等量式波尔多液消毒，也可用多效霉素 20 ～ 30 倍液拌成泥浆后涂抹。生长期间，可喷洒 50% 乙基托布津 500 倍液或 10% 双效灵 250 倍液。

第五，认真细致地做好预防工作，包括清洁椒园、冬季树盘换土、刮除老翘树皮并烧毁、剪去病虫枝并烧毁、冬季树干涂白及喷洒农药等。

3.3.2　虫害防治

1. 主要虫害种类

花椒的主要虫害有天牛、蚜虫、凤蝶、樗蚕、潜叶蛾、跳甲、金龟子、尺蠖、红蜘蛛、蚧壳虫类、刺蛾类等。

2. 重点虫害防治办法

（1）花椒天牛：包括桔褐天牛、花椒虎天牛、二斑黑绒天牛、黄带黑绒天牛和白芒锦天牛等约 18 种。管理中及时挑除枝叶上的虫卵，清除虫害严重、已无产椒能力的枯树或枯枝并集中烧毁；找出最新排粪孔，用铁丝除去粪便、木屑，用 80% 敌敌畏乳油或 2.5% 溴氰菊酯 50 倍液注射到虫孔中，用泥封口。7 月份成虫出现之前，将新鲜的半夏叶团成小球形，塞入虫孔，用泥封口。在成虫羽化期，可利用人工捕杀，羽化盛期，可树冠喷洒 80% 敌敌畏乳油 1000 倍液或 2.5% 溴氰菊酯 2000 倍液，杀灭虫卵。

（2）介壳虫：主要为桑拟轮盾介一种。防治时剪除严重虫害枝，集中烧毁，用硬刷子刷去枝干上的成虫。冬季喷 3° ～ 5° 波美度石硫合剂，并进行树干涂白。在 5 月、7 月、8 月若虫孵化期，对树体喷洒 80% 敌敌畏乳油 1000 倍液或 25% 水胺硫磷 1500 倍液以杀死若虫。

（3）花椒跳甲：包括危害花器、果实的铜色花椒跳甲、红胫花椒跳甲、蓝橘潜跳甲和食叶的花椒橘潜跳甲、枸橘跳甲等。防治方法为利用花椒跳甲的假死性捕捉成虫；冬季喷 3° ～ 5° 波美度石硫合剂；4 月上中旬，见个别跳甲出土活动时，在树冠范围内的地面喷洒 50% 辛硫磷乳油 300 倍液；4 月中下旬，树体喷洒 2.5% 溴氰菊酯 1500 倍液或 80% 敌敌畏乳油 1000 倍液，一般间隔 7 ～ 10 天，连喷 2 ～ 3 次。

（4）花椒波瘿蚊：结合冬季修剪，彻底剪除枝条上的虫瘿肿瘤，并集中烧毁。5 月上中旬成虫出现期，树体喷洒 80% 敌敌畏乳油 1000 倍液或 2.5% 溴氰菊酯 2000 倍液，杀灭成虫及虫卵。

（5）花椒窄吉丁：用 40% 氧化乐果 50 倍液，在椒树主干离地面 20 ～ 30cm 处，涂宽 5cm 的药环，防治幼虫效果较明显。其余防治方法同天牛。

（6）蛾蝶：绿尾大蚕蛾、大蓑蛾、黄刺蛾、尺蠖等害虫，可使用青虫菌 1000 倍液或白僵菌 1000 倍液喷雾防治。

（7）蚜虫：用干烟叶 5kg、鲜苦楝皮 3kg、干辣椒 3kg 和水 50kg，混合浸泡 24 小时，然后兑水 30% 喷雾。

（8）螨虫：用石硫合剂 20 倍液喷雾防治。

（9）蜗牛：在夏秋季进行夜间树干束草，白天人工捕杀。

3. 综合防控技术

第一，保护树干，用石灰、石硫合剂涂树干基部。

第二，清除园中的杂草，树盘换土，减少虫源基数；修剪病虫枝集中烧毁，消灭虫源。

第三，人工捕杀成虫，利用黄色板、粘虫胶、糖醋液、黑光灯等诱杀。

第四，综合运用人工、物理、农艺、生物等方法进行病虫害防治，使用高效、低毒、低残留的生物农药，严禁使用剧毒、高残留农药。

第五，栽培抗病毒、抗虫害、抗灾害能力强的良种，或选用抗性强的砧木，实行高砧嫁接栽培。

4. 常规农药的配制方法

（1）石硫合剂

椒园面积大，防治病虫害就要自己配制石硫合剂。正确的原料及比例（质量比）为：生石灰：硫黄：水 =1 ：2 ：10。熬制方法是：火生起后，锅中加少许热水，将硫黄倒入锅内，搅成糊状；按比例在锅内加足水，放入生石灰，加热煮沸，并不停搅拌；煮沸前在锅上做水位标记，熬制中不断加入热水，保证锅内水位不变；熬煮 1 小时左右，当药液变为酱褐色即酱油色时，即可停火；待药液冷却后，用双层纱布过滤，即成石硫合剂原液，一般浓度为 20° ～ 25° 波美度。

使用时稀释方法为：

每千克原液兑水量 =（原液浓度 - 使用浓度）/ 使用浓度 − 1。

一般原液浓度以 20° 波美度计算，使用浓度以 4° 波美度计算，既比较安全，又能起到防治效果。

石硫合剂必须在隔绝空气的条件下保存，常用方法是：将石硫合剂盛入缸内，上层加一层机油隔绝层，缸口用双层塑料薄膜封盖扎紧。

(2) 涂白剂

原料为生石灰、硫黄、动物油、食盐等。配制方法是将生石灰加水搅拌成石灰乳，将搅成糊状的硫黄加入其中，加热至煮沸，再加入食盐和动物油，即成涂白剂。使用方法是把涂白剂均匀涂抹于树干及主枝基部，一般高度 50cm 为宜。

（3）波尔多液

原料为石灰、硫酸铜，比例（质量比）是石灰：硫酸铜：水 =1 ：1 ：200。配制方法：用全水量的 1 ～ 2 成，配成石灰乳，剩余水配制成硫酸铜溶液；将石灰乳搅匀，再把硫酸铜溶液慢慢倒入其中，边倒边搅，即配制完成。要求注意的问题为：①只能将硫酸铜溶液倒入石灰乳中，不能将石灰乳倒入硫酸铜溶液中；②溶化硫酸铜的容器不能使用金属器皿。

3.3.3 冻害

1. 冻害表现

(1) 树干冻害

树干冻害是冻害中最严重的一种，主要受害部位是距地表50cm以下的主干或主枝。受害后树皮纵裂翘起外卷，轻者还能愈合，重者则会整株死亡。树干冻害主要发生在冬季温度变化剧烈、绝对低温值偏低并且低温持续时间长的年份，被害树主要是盛果期和衰老期大树。

(2) 枝条冻害

西部花椒产区枝条冻害比较普遍，除伴随树干冻害发生外，多发生在秋季少雨、冬季少雪、气候寒冷的年份。严重时1～2年生枝条大量枯死，造成当年歉收。有些幼树生长停止晚，枝条由于木质化程度不好，尤其是顶端部分更易受到冻害。

(3) 花芽冻害

花芽较叶芽抗寒力弱，在冻害比较严重的年份，每果穗结果粒数显著减少。花芽冻害主要是花器官冻害，多发生在春季回暖早，后又倒春寒的年份。一般3月中下旬气温迅速回升，花芽随树液流动而萌发，到4月中旬至5月上旬，由于强冷空气的南下侵袭，气温急骤下降，造成花器官受冻。

2. 致害成因

(1) 绝对低温

绝对低温致使树体细胞及胞间隙结冰，使组织细胞坏死而引发冻害。此类冻害多发生在一年中气温最低的1月份，主要原因是气温低、持续时间长，超过了花椒本身的抗冻忍耐能力。受冻树体最明显的外部特征是枝干冻裂，但最先受冻的是髓部和木质部，然后才是韧皮部和形成层。常常导致地上部严重抽干，甚至整株死亡。

(2) 生理干旱

早春气温回升较快，而地温回升较慢，树体蒸腾量逐渐增大，但此时土壤尚未完全解冻，可供根系吸收利用的水分严重不足，难以满足树体需求。另一方面，才萌长出的叶、芽、花、枝幼嫩，纤维木质化程度低，抗寒耐力差，从而导致遇霜失水，伤芽伤花，造成大量减产，甚至绝收。

（3）人为因素

花椒属于强阳性树种，对光照条件要求严格。而许多农户利用庭院及四周空地，将花椒栽到墙角、屋旁或大树下，结果导致树体发育不良，抗寒能力下降。有些不分品种是否抗寒，误将椒园建在阴坡、沟底或山梁，使冻害发生概率增大。

（4）管理失误

在生长后期偏施氮肥致使枝条徒长不充实，因夏剪过重而引起大量冒条或病虫防治不力而导致树势衰弱等等，都会降低树体抗寒能力，成为加剧异常寒流天气下诱发冻害的重要因素。

3. 预防控制

（1）选择抗冻园址

规模化栽植时，必须选择冬暖夏凉的小气候区域建园，充分考虑地形、地势、土壤条件，选择背风向阳、地势较低、坡度较缓、土层较厚的开阔地建园。零星栽植时，一定要与围墙、建筑物、高大树体等遮光物拉开一定距离，以保证花椒树的安全越冬。

（2）强化综合管理

一是加强肥水调控，把冻害应急防护建立在强化综合管理的基础之上，生长后期要通过控氮、控水，增施磷肥、钾肥来防止枝条徒长，促进枝条充实成熟，增加养分积累，提高抗寒能力。二是在越冬前及时灌封冻水，增加树体水分贮备，增大土壤热容量，提高冬季地温。干旱山区可将雨水集流与穴贮肥水技术有机结合，进行节水灌溉，降低冻害风险。三是在土壤冻结前，在树干西北侧、树冠投影外缘略向内培筑高约60cm的半月形土埂，以营造背风向阳的根颈微环境，缩短根际土壤的冻结期。四是生长前期及时抹芽除萌、疏除徒长枝，后期摘心打顶，削弱新梢顶端优势，以抑制过度的营养生长，提高枝条木质化程度，可有效防御冻害。

（3）栽植抗寒品种

要选择抗冻品种，坚持因地制宜、适地适树的原则，大力推广以野山椒、八月椒作砧木的嫁接苗。提倡2～3个品种混植。以‘大红袍'、梅花椒为主栽品种，辅栽二红椒、八月椒、藏叶椒等。

(4) 树干涂白覆草

用生石灰15份、硫黄粉1份、食盐2份、水40份（质量比）配制成涂白剂，在10月下旬到11月上旬对主干进行涂白，利用石灰层的反光效果，可降低树体变温幅度，预防冬季气温骤变引发的冻害，同时，还可延迟根颈解除休眠的时间，避免倒春寒造成全株死亡现象。

对3年生以下幼树进行全株裹草，既有直接保温、减轻冻害的作用，又可减少树体蒸腾，大大降低春季抽条率。除此之外，树盘覆草可增温保湿，改善树盘小环境，降低冻害程度。土埂筑好后，在树盘内覆盖厚约20cm的秸秆、杂草或枯叶，上盖少许土，以防被风吹走。

(5) 应用抑蒸保温剂

在生产上常用的保温剂有羧甲基纤维素、京防一号、高脂膜、长风三号、腊乳液等，越冬期间在花椒树上进行喷布，由于保温剂薄膜层的覆盖，可减少树体蒸发量，保持树液温度的相对稳定，减少温度的骤变，以达到树体防御寒害的目的。

(6) 预防早春冻害

一是熏烟。每年4月上旬提前在园内易发生冻害的地方挖坑3～5个，用杂草、落叶、锯末、麦糠等堆积成上湿、下干的草堆，在倒春寒来临之前，于椒园上风方向堆放柴草熏烟，形成雾状保护网，可提高椒园近地面气层温度，有效减轻冻害。二是喷水。霜冻来临时对树体连续喷水，可降低气温变幅，减轻霜冻危害。三是喷防护液。花芽萌动前喷施2份石灰+1份食盐+20份水（质量比）的混合液或喷洒0.5%尿素+（0.5%～1%）磷酸二氢钾混合肥液（质量百分比），可改善椒园的小气候，增加树体抗寒力。

4. 补救措施

①对受冻较轻的椒树，萌芽后应及时剪去或锯除受冻枯死的部分，并削平伤口，用石蜡封口。②在新梢旺盛生长期，应及时摘心，控制徒长，促生短枝，培养较为丰满的树形。③加强椒园肥水管理，叶面喷施磷、硼肥等，根部追施复合肥和微量元素。④多施基肥，

提高根系吸收能力，增强叶片光合作用，提高枝芽质量，促进萌发新枝。

3.4　采收与加工

3.4.1　花椒果实的采收加工

1. 采收时间

一般早椒在 6 月成熟，晚椒在 7 ～ 8 月成熟，但即使同一品种，因立地条件的差异成熟时间也不一致。可以用花椒外部形态标志来确定适宜的采收时期，即在花椒果皮呈现紫红色或淡红色，果皮缝合线突起，少量果皮开裂，种子呈黑色、光亮并散发出浓郁麻香的时候进行。采收过早，果皮薄、色暗，果仁含油量低、品质差；采摘过晚，果实干裂落仁，影响收益。实践证明：早摘 10 天，花椒产量会降低 10% ～ 20%。雨量过多的年份，花椒会提前开裂落仁，应及时采收。有些花椒品种的果实成熟后果皮容易崩裂，种子散失，应在花椒成熟后的 1 周内采收完毕，以避免造成不必要的损失；而有些品种如‘大红袍’因果实成熟后果实不开裂，采收时间可以适当推迟一些。

2. 采收要求

采果应在晴天进行，避开阴雨天，以免晾晒难和影响色泽风味，导致品质下降。要求人工采摘，采收顺序应先采温暖、向阳、低海拔的椒园，再采背阴、偏阳、海拔高的椒园。所用的采收器具应洁净、无污染。采收时摘断花椒果穗的主柄，防止手捺，以免伤及椒粒上的抽囊，并注意保护枝芽。尽量避免弄破花椒果实表面的油腺，以免影响花椒品质。

3. 晾晒加工

（1）挑选

工作人员持证操作。场地环境清洁。除去鲜果中的枝叶、果柄等杂质部分。

（2）晾晒

采回的花椒果实应迅速在晾晒席上摊晒，不宜长期堆放或摊晒过厚。有太阳时可自然晾晒，无太阳时可摊放在通风、干燥的簸箕或箩筐内，不宜在公路上、水泥地上堆放和曝晒。

(3) 去目

花椒裂口后，种子外露，可用小棒轮打，脱去椒籽。

(4) 二次干燥

对晒干的花椒，在集中包装前，可再用太阳晒至手抓沙沙作响，待余热散发完冷却后密封，这样果肉将不会引起“跄油”，色泽也不会变暗。

4. 质量要求

优质花椒在外观上果肉外皮肥厚，颜色鲜红油润；整体洁净，无椒目、无黑色或褐色果粒、无花椒以外杂质；椒柄不得超过 3%。除此外，椒粒的含水量应在 13% 以下。

3.4.2 花椒嫩芽的采收加工

花椒嫩芽具有独特的麻香味，可以热炒、凉拌、油炸、涮锅，每 1kg 花椒嫩芽干重中含蛋白质 87.3g、碳水化合物 21.1g、纤维素 15.8g、脂肪 8.41g、胡萝卜素 179.6mg、维生素 B11.23mg、维生素 D0.03467mg、钙 933mg、铁 73mg、磷 1700mg，所含 17 种氨基酸，老少皆宜。

1. 芽体采收

椒芽菜可周年生产，当新梢长有 4 ～ 6 片真叶、叶长 5cm 左右时，即可采收。一般留 1 ～ 2 片叶后摘芽，以促留下的叶腋处重新抽生出芽梢。每年可采 3 ～ 5 次，进入 7 月后停止采芽，以备下一年养分储蓄。在山地自然生长的花椒芽，病虫害较少发生，因此无需施药，可称为有机绿色食品。

2. 加工处理

嫩芽采后要及时保鲜处理，需要盐渍、杀青、装袋、冷冻、贮存、加工的，必须快速进行加工处理，以免影响嫩芽品质。

3.4.3 产品包装、运输及贮存

1. 包装

包装椒芽菜前应检查清除劣质品及异物。包装人员和厂房设施应符合绿色食品要求。包装标签应包括品名、规格、产地、生

产单位、净含量、包装工号、生产日期等，并附质量合格标志。所使用的包装物应清洁、干燥、无污染、无破损，完全符合《绿色食品包装通用准则》NY/T658的要求。

2. 运输

产品运输工具应清洁、干燥、无污染，不得与其他有毒、有害、易串味物质混运。

3. 贮存

仓库应通风、干燥、避光，并具有防鼠、虫、禽畜的措施。贮存期间地面有防潮垫板，产品堆放与墙体保持一定距离，并做定期检查，以防发霉、虫蛀、变质。

第4章 银杏生产建设技术

4.1 银杏概述

4.1.1 形态特征

银杏（图4-1）别名公孙树、白果树、鸭脚子树，为银杏科银杏属落叶乔木，株高最高为40m；枝有长枝和短枝；叶在长枝上螺旋状散生，在短枝上簇生状；叶片扇形，有长柄，有多数二叉状并列的细脉；雌雄异株，雌花为短柔荑花序，2～6个花序生于短枝叶腋中，雄花每2～3朵生于短枝顶端，具长梗；种子核果状，近球形。

图4-1 银杏的果实

4.1.2 分布

银杏树是世界上现存的古老的孑遗植物，第四世纪冰川后期单成为的一个独特物种。主产地有甘肃、陕西、四川、河南、山东、湖北、安徽、辽宁、广西等省市。

4.1.3 生长习性

银杏喜温暖和阳光充足的环境，耐寒、耐旱、不耐涝，对土壤要求不严，但以土层深厚、疏松肥沃、富含有机质的土壤为好，盐碱地、低洼地、重黏土地不宜种植。

4.1.4 银杏的价值

1. 生态观赏价值

银杏树是一种优良生态树种，抗虫、抗污染，对不利环境条件的适应性强。树干高大、强壮、挺直，树冠丰满、圆润，叶片美丽、飘洒且有清晰和鲜明的季节色相。

2. 食用营养价值

银杏果营养成分为每 100g 干重含蛋白质 6.4g、脂肪 2.4g、碳水化合物 36g、粗纤维 1.2g、蔗糖 52g、还原糖 1.1g、钙 10mg、磷 218 mg、铁 1mg、胡萝卜素 320μg、核黄素 50μg，除此之外，银杏果中还含有白果醇、白果酚、白果酸等多种成分。

3. 医疗药用价值

银杏有极高的药用价值。其干果据《本草纲目》记载："熟食温肺、益气、定喘嗽、缩小便、止白浊；生食降痰、消毒杀虫"。银杏以果实入药，有润肺、定咳、涩精、止带等功效；以叶入药，可治脑血管硬化、冠心病、血清胆固醇过高及小儿肠炎等症。现代医学证明，银杏种仁有抗大肠杆菌、白喉杆菌、葡萄球菌、结核杆菌、链球菌的作用。

但应注意食银杏过多可引起中毒。银杏果仁味甘苦涩，内含氢氰酸毒素，毒性很强，遇热后毒性减小，故生食更易中毒。一般中毒剂量为 10 ～ 50 颗，中毒症状发生在进食白果后 1 ～ 12 小时内。为预防白果中毒，不宜多吃更不宜生吃白果。

4. 银杏木材的利用

银杏木材质地优良，容易干燥、易胶不裂、切削容易、刨面光滑、油漆光亮，适宜雕刻，常用于生产特殊仪器和工业电器用品等。

4.2 育苗技术

4.2.1 种子繁殖育苗

1. 选择母树

选树势健壮、抗逆性强、果肉厚实、丰产优质型的树采种，并登记、标号。

2. 采收选种

采收于 10 月初银杏果的种皮出现白霜形态并软化时进行。种子采收后，在室内堆放 5 ～ 7 天即可脱皮，经水选取子粒饱满、无霉变的小粒种子，600 粒 / kg 为最佳。

3. 种子贮存

将筛选晾干的种子装入通风透气的袋中放置。待到 12 月 30 日前后，将种子与湿沙以 1 ∶ 10 比例拌匀，外覆 10cm 湿沙，温度保持 4 ～ 10℃，空气相对湿度在 20% 左右，7 ～ 10 天检查一次，防止种子发霉腐烂。

4. 苗地选择

选择背风向阳、土层深厚、疏松肥沃、供排水良好的缓坡地或平地。育苗地不宜重茬。

5. 圃地整治

对圃地进行 30cm 的深翻，结合整地，每亩施腐熟有机堆肥 3000kg、磷钾肥 50kg。整地后做畦，苗畦高 7cm，苗床宽 140cm，长度随地形而定。

6. 播种管理

播种前先对种子进行湿沙层积催芽处理。即将银杏种子，按一层种子一层湿沙放入预先挖好的土坑内，用塑料薄膜覆盖。

待种子吐白后播种，每亩播种量 40 ～ 100kg，按株行距 30 cm 播撒在整好的圃地畦面上，覆土厚 4 ～ 5cm。天气和土壤干旱时浇水保墒，以利出苗。

银杏苗出土齐苗后，要加强田间管理，如遇干旱和强光天气，要注意防旱遮阴和喷水保湿，以促进苗木正常生长。

4.2.2　扦插繁殖育苗

1. 种条选择

选树势健壮、抗逆性强、结果早、产量高、果仁饱满、无病虫危害、丰产优质型的中龄结果母树采条，择中上部向阳面 1 ～ 2 年生枝条剪取插穗。

2. 插穗采集时间与方法

秋季采果后或春季萌发前采条，但要随采随插。将采下的生长健壮、叶芽饱满的种条，分品种捆扎后挂牌，装入采枝袋内，严防风吹日晒。

3. 插穗处理

插穗长 10 12cm，上端留 1 个叶片，在距顶端芽 1 2cm 处将枝条剪成平口，距下端 1cm 处削成马蹄形，再用 100mg/kg 的 ABT1 号生根粉，按其说明书上注明的用量和方法处理后插入苗床。

4. 幼苗抚育

幼苗生长出土，要浇一次透水。长到 10 ~ 12cm 时进行人工拔草，土壤缺肥时可施入腐熟堆肥。夏季如遇干旱和强光天气，要防旱、遮阴和浇水，遇暴雨或阴雨连绵时要排涝。

5. 幼苗移栽管理

银杏苗长到一年后可进行移栽培育大苗。对移栽成活后长成行道树的苗，应注意中耕除草。干旱天气立即浇水，阴雨天气即时排水。每年早春应追肥一次，每亩追施尿素 20kg，磷、钾肥 50kg，有机堆肥 3000kg。并于每年冬季剪除细弱枝、重叠枝、直立枝和病虫枝。夏季摘心，促使多分枝，以达到早日形成预定树冠的目的。

4.2.3 嫁接苗培育

1. 嫁接前准备

（1）砧木准备

在嫁接前的 20 ~ 30 天，选径粗 10cm 的实生苗，把砧木苗离地 13cm 内的叶片和萌枝全部除去。同时进行一次追肥、灌水和除草。

（2）嫁接用具

修枝剪、嫁接刀、塑料薄膜条。

（3）接穗采集

选优良品种成年结果树，择一年生向阳面的健壮枝条，每 50 ~ 100 枝扎成一捆，标明品种、产地、采集时间。

（4）接穗贮藏

保持在 5℃以下湿润环境中贮藏。原则上不贮藏，应随采随嫁接。

2. 嫁接方法

（1）切接

时间 3 月中旬至 4 月上旬。在砧木离地面 5 ~ 7cm 处，剪除上半部分，用嫁接刀在断面偏侧垂直切下，切口长约 2 ~ 3cm；接穗上端留 1 ~ 2 个芽，接穗下端削成楔形，然后把削好的接穗插入砧木切口中，使砧木与接穗的形成层对准吻合；最后用塑料薄膜带绑扎严紧。

（2）腹接

时间 3 月至 5 月。在砧木离地面 6 ~ 10cm 处，选一平滑面，用嫁接刀切削下“T”字形树皮少许；选长约 6 ~ 8cm 的接穗，上端留 1 ~ 2 个芽，下端削成大斜面，另一面两侧微削一刀，尖端呈楔形微削一刀，后再把削好的接穗插入削割好的砧木腹内，使砧木与接穗的形成层对准吻合；最后用塑料薄膜带绑扎严紧。

（3）“T”形芽接法

嫁接时间 7 月至 8 月中旬。具体方法参照 2.3.3 中的相关内容进行。

（4）嵌芽接法

时间在 3 月至 7 月中旬。在砧木离地面 6 ~ 10cm 平滑处，用嫁接刀自上而下削出 2 ~ 3cm 略带木质部的削面，以 45° 角在削面基部切成楔形切口；然后将选择的接穗倒拿于手，齐断面用刀削出长 6 ~ 8cm 削面，再以 45° 角向前削下接芽，使接芽成楔形略带木质部，将接芽嵌入楔形口中，对齐顺贴于砧木削面；最后用塑料薄膜带自下而上绑扎紧。

3. 除萌摘心

用枝接法嫁接的苗木，要及时去除砧木上长出的萌芽，以促进接口愈合及接穗的生长。接穗新梢长到 2 ~ 5cm 时，将嫁接部位以外的萌芽再行抹除，同时加立支棍扶干。

4. 细心管护

嫁接株初期要喷雾，天气干燥、土壤缺水时要灌水，缺肥要补肥，以解决砧木和接穗失水及营养不足的问题。

5. 出圃时间

苗高超过 100cm 时，在“秋分”或“春分”节气前后挖苗出圃。

6. 起苗方法

起苗时注意根系完整，做到苗木全株无损伤。

7. 苗木分级

根幅10～20cm、根径1cm以上、高100～150cm为一级苗，根幅8～15cm、根径1cm以下，高60～99cm为二级苗。非一、二级苗木不用于栽植建园。

4.3　生产栽培技术

4.3.1　有机肥堆制方法

有机肥的“堆制方法”、“高温堆肥卫生标准”、“堆肥腐熟度鉴别指标”参见3.2.4中的相关内容。

4.3.2　栽植建园

1. 园地选择

自然条件应符合银杏生长的要求，园地选择在海拔1400m以下、年平均气温10℃以上、极端最高气温35～40℃、极端最低气温为-12～-7℃、日照时数≥1000小时、≥10℃年积温3500～5800℃、年降雨量500～1000mm的区域。

2. 生态环境要求

油橄榄产地要求生态环境良好，环境条件符合《绿色食品产地环境技条件》NY/T391的规定。远离工矿企业和医疗单位，没有废水、废气、废渣污染。产地灌溉水源上游不能有对产地环境构成威胁的污染源，包括工农业废弃物、医院污水及城市垃圾和生活污水等。

3. 土壤条件

选择地势较为平坦、排灌方便、疏松肥沃、通气性好的壤土地块。田块应基本平整，土壤应无污染或经无害化处理，有排灌设施，耕作层深厚，结构适宜，理化性状良好。山地建园以沙壤土或壤土为宜，土壤有机质含量应在1.5%以上，pH值在6.0～7.0。

4. 生产条件

灌溉水必须符合《农田灌溉水质标准》GB5084的规定；农药使用必须符合《绿色食品农药使用准则》NY/T393的规定；在肥料

施用方面，必须符合《绿色食品肥料使用准则》NY/T394的规定。

5. 设施建设

产地应有良好的排洪、排水和灌溉设施，确保能排、能灌、不渍不涝。同时应有良好的交通运输条件和相对成片的种植面积，便于监测管理和销售运输。

4.3.3 生产技术

1. 规划与整地

对选择好的建园地，全面按地形进行规划开垦，坡度在15° ~ 20°的地方，以挖鱼鳞坑排列为宜，一般坑径100cm、坑深50cm。

2. 定植株数

肥沃土壤每亩栽植20 ~ 30株，瘠薄地每亩30 ~ 40株。零星地边、村旁、房前屋后等空隙地栽种单株或数株。

3. 配置授粉树

银杏雌雄异株，定植时宜搭配5%的雄株或在园的四周各配栽一株授粉雄株，如建园时没有配栽授粉树，可应用高接换优技术，嫁接配置上授粉雄株，以利传粉结实。

4. 栽植时间

裸根苗栽植以春季3月或秋季9月为宜，营养钵苗或带胎土的苗一年四季均可栽植。

5. 定植方法

阴天起苗，苗根应带土，栽时根要舒展。埋土至苗株根际原土痕处用手轻提一下苗木，使根系舒展，然后再填土踩实。

6. 浇水促活

树苗定植后，浇足定根水，待水渗完后，覆土保墒防龟裂。一般间隔7 ~ 10天再浇水一次，以利成活。

4.3.4 田间管理

1. 施肥

银杏施肥量可根据树龄大小确定，一般按有机堆肥计算，每株年施入量，幼树为10kg左右，初结果树约为20kg，成年结果树约为50kg。施肥方法可采用以下3种：

(1) 扩穴施肥

施入堆肥的数量视树冠和树龄大小确定，一般选方位挖出 2 ～ 3 个深度 30 ～ 40cm 的穴，将石头与僵土捡出，堆肥与表土混合后施入，再覆盖一层肥土。施肥时间为 4 月至 9 月，或在树体休眠的冬季进行。施肥穴应逐年错开。

(2) 环状施肥

在树冠投影外围挖宽 40cm、深 20 ～ 30cm 的环状沟，施入堆肥数量视树冠和树龄大小确定，且环状沟要逐年错开，其他同上。

(3) 放射状施肥

在树冠下距树干 50cm 左右处，向外挖 3 ～ 5 条放射状沟，沟宽 20cm、深 25 ～ 35cm，且放射沟要逐年错开，其他同上。

2. 土壤腐殖质含量

土壤腐殖质含量应达到 2% ～ 3%。

3. 浇水灌溉

施肥后要立即浇水灌溉。对水、肥、气、热诸因素不稳定的地块，可在树干下到枝展外缘覆盖 10 ～ 15cm 厚度的秸草，以减少土壤水分蒸发。

4. 灌水与排涝

夏、秋两季如遇天气干旱，要及时浇水保持土壤湿润，以保证树体正常生长。雨季进行排涝处理，以免引起根际地面积水。

5. 人工授粉

(1) 雄花处理

雄花序在淡黄色时采集。将采集的花序在 14 ～ 25℃温度下烘干，经 14 小时后可散放出花粉。

(2) 授粉方法

当雌蕊柱头出现黏液时，用清水将采集的花粉加 0.1% 硼砂，在洁净的容器中兑成 20ppm 的花粉悬浮液，用喷雾器均匀地喷到雌花上。

(3) 授粉原则

采集的雄花粉不得装在塑料袋内保存。花粉悬浮液要随配随用，不得超过 2 小时。

4.4 整形修剪

银杏是寿命和结果年限都很长的经济树种，如顺其自然生长、放任不管，多出现干低、偏冠、枝条乱、主侧枝不明显、枝条分布不合理等问题，严重影响银杏的产量、质量及寿命，需要人工进行整形修剪，银杏的树冠才能由尖塔形逐步变成圆柱形、圆头形等。

4.4.1 树体整形

银杏的常用干形主要有以下 3 种：

（1）高干型

主干高度一般在 10m 以上，树冠多显圆锥形塔状，多作为观赏林、用材林、四旁和农田防护林。这种类型的银杏基本上以自然生长为主，整形工作主要是修枝以疏剪枯枝和濒死枝，扶正主干，并适当注意树冠的层性，直至主干顶端优势缓慢时，修枝工作方可停止。就各地所见，银杏高干型成龄大树多有大主枝 5 ~ 6 个，个别的达到 10 个以上。

（2）中干型

主干高度一般在 2m 左右，是以生产种子为主的树型，根据树冠状况，又可分为多主枝卵圆形、圆锥形和开心形 3 种形式。

1）圆锥形：一般以实生苗作砧木，在定植后 4 ~ 6 年，于树干 1.8m 处进行断顶高砧嫁接，成活后，留一强壮旺枝培养主干，然后在主干上逐年选留 6 ~ 8 个主枝。主枝选留的位置应左右平衡，上下错开，再在每一主枝上适当选留 2 ~ 4 个侧枝，最后形成圆锥形树冠。

2）开心形：此类树冠是在主干 2m 处进行断顶，并有意识选留 3 ~ 4 个生长健壮的 45° 的斜角主枝，再在主枝上逐年选留 3 ~ 5 个侧枝，侧枝尽量选留在主枝的中下部并注意左右平衡、相互错开，以利通风透光。

3）多主枝卵圆形：这类冠形一般在定植后的 4 ~ 6 年进行断顶，并逐年选留 3 ~ 5 个生长良好的主枝任其自然延伸，不加控制，但要及时疏除交叉枝、重叠枝和枯死枝，使树冠逐步发展成为多土枝卵圆形。

（3）矮干型

银杏密植丰产园需培养矮干树体。方法是将 2 ～ 3 年生苗作砧木，在 40 ～ 60cm 处嫁接定干，第 2 年冬季即开始整形。整形以短截为主，使之具有 3 ～ 4 个主干，每主干上再留 3 ～ 4 个侧枝，形成开心形树冠。这种树体由于较矮，营养运输距离近，按嫁接年限推算，一般在第 6 年就有一半以上植株开花结果，平均株产白果 2kg 以上。

4.4.2 修剪

1. 修剪时间

银杏的修剪从秋季落叶后至翌春萌芽前分两次进行，第 1 次于落叶后立刻剪去不成熟的晚秋梢或无用的徒长枝，以促进留下的枝芽充实和花芽分化，提高越冬能力。第 2 次在春芽萌动前进行，主要的方法是短截和疏枝。

2. 修剪方法

（1）短截

将一年生枝条剪除一部分，目的是促发强旺新梢，改变枝条着生角度，增强生长势，提高成枝力。一般在长枝上短截愈重，抽生的新枝越强壮，留下的壮芽可抽生 2 ～ 3 个新枝。对短枝破除顶芽，也可抽生长枝。对新接树，如接穗只抽生 1 个枝条，就必须进行短截，促其再萌发几个枝条，防止缩冠。短截还可控制花芽形成和坐果，促进局部枝或结果枝的长势。当树体某部位缺少枝条时，可利用这一习性，促成新枝抽出，避免光腿现象发生。同时，短截也可促使适宜部位萌发新枝，改变原来的分枝方向，补充占领空间。

（2）疏枝

疏枝即将过密枝、病虫枝、细弱枝、枯枝、徒长枝、并生枝、重叠枝等从基部剪除（不留桩），目的是减少枝条的数量，改善树冠内通风透光条件，促进花芽分化和生长发育。对未经整形修剪的嫁接树，第一次往往都需要疏枝。

（3）回缩

对多年生长枝进行缩剪的方法叫回缩，适用于盛果期大树、衰弱树、老龄树的更新修剪。除此之外，需要改变先端枝延伸方向、改变枝条的开张角度、改善树体通风透光条件时，也可采用此法。回缩时只留原枝长的1/2或2/3，回缩剪口部位直径以不超过5cm为宜。

（4）摘心

摘心从春季萌芽到落叶前均可进行，主要是缓和树势、改善光照条件。一般在夏季于5月中旬、6月上旬要进行两次摘心，以控制顶端优势、促发侧枝。

（5）刻伤

刻伤即在芽的上方或下方于夏季横切一刀，深达木质部。刻伤可使树体养分运输受阻，使养分集中在刻伤处的枝条和芽眼上，从而促进发枝和花芽分化，也有利于树势平衡。伤痕愈大，效果愈好，不过刻伤要与其他修剪措施相配合，否则难以见效。

（6）刮皮

刮皮即将粗糙的树皮或有病斑的树皮刮掉，深度为皮厚的1/3左右。刮皮可有效防止病菌与虫卵藏匿皮中，对嫁接部位还可防止积水，并能有利于长出新树皮。此法主要用于大树。

3. 整形修剪原则

整形修剪与增施肥水有相似的作用，能促进树体局部水分和养分的增加，对树体生长有明显的刺激作用。一个未修剪或修剪粗放的银杏园，进行合理修剪后，产量和品质会有明显提高，但如不相应加强土壤改良、施肥和灌水，修剪则不能发挥积极的调节作用。土壤肥沃、肥水充足的银杏园，修剪宜轻不宜重，适当多留花芽多结果；土壤瘠薄、肥水较差的银杏园，特别是无灌溉条件的山地银杏园，修剪宜重些，适当短截少留花芽。如采用促花修剪技术，在花芽分化前应适当控制灌水和追施氮肥并及时补充磷钾肥，否则也难以获得好的促花效果。

4. 不同树龄的修剪

（1）幼树修剪

以疏剪基层枝为主。疏剪的枝条主要是徒长枝、重叠枝、过密枝及纤细枝。

（2）成年树修剪

应在 3 ～ 4m 处落头，同时对生长枝进行轻截。

（3）老树更新修剪

一是疏除无生命的枝条和枯枝，短截弱枝，迫使促发新的生长枝；二是利用树冠内的旺盛枝群，将其轻剪长放培养成为骨干枝。

4.5 病虫害与冻害防控

4.5.1 病害防治

1. 银杏茎腐病

（1）分布及危害

此病在各银杏育苗区均普遍发生。多出现于 1 ～ 2 年生的银杏实生苗木，尤以 1 年生苗木更为严重，常造成幼苗大量死亡。

（2）病原与症状

银杏茎腐病的病原菌为球壳孢目、球壳孢科、大茎点属的炭腐病菌，此菌喜高温，适宜的生长温度为 30 ～ 32℃，而对酸碱度要求不严，在 pH4 ～ 9 之间均能生存。发病初期幼苗基部变褐，叶片失去正常绿色并稍向下垂，但不脱落，之后感病部位迅速向上扩展，以至全株枯死。病苗基部皮层出现皱缩，皮内组织腐烂呈海绵状或粉末状，色灰白并夹有许多细小黑色的菌核。此病菌可入侵实生苗或扦插苗的木质部，因而褐色中空的髓部也能见小菌核产生，同时该病菌还能使根部皮层腐烂。

（3）发病规律

茎腐病菌通常在土壤中过营腐生活，属于弱寄生真菌，在适宜条件下自苗木伤口处侵入。因此，病害发生与寄主和立地环境条件有关，苗木木质化程度越低，此病的发病率便越高；在苗床低洼积水时，发病率也明显增加。银杏扦插苗，在 6 ～ 8 月份当苗床温度达 30℃以上时，插后 10 ～ 15 天即开始发病，严重时大面积接穗发黑死亡。试验证明，拮抗性放线菌能有效地抑制该病病菌的蔓延扩散。

(4) 防控方法

根据银杏茎腐病发病的原因，目前防控的主要方法为：①提早播种。争取土壤解冻时即行播种，有利于苗木早期木质化，增强对土表高温的抵御能力。②合理密播。密播有利于发挥苗木的群体效应，增强对外界不良环境的抗力。③防治地下害虫。苗木受地下害虫的危害之后极易为茎腐病菌所感染，因此，播种前后一定要时刻注意消灭地下害虫。④防止机械损伤。在松土除草或起苗栽植过程中，注意不要损伤苗木的根颈，否则极易引起茎腐病的发生。⑤遮阴降温。育苗地可采取搭阴棚、行间覆草、种植玉米和插枝遮阳等措施，防止太阳辐射致使地温增高，以降低对幼苗的危害。⑥灌水喷水。高温季节应及时喷水降低地表温度，以减少病害的发生。⑦药物和生物防治。结合灌水可喷洒各种杀菌剂如托布津、多菌灵、波尔多液等，也可于6月中旬追施有机肥料时加入拮抗性放线菌，或追施草木灰：过磷酸钙1 ： 0.25并加入拮抗性放线菌的肥料。

2. 苗木猝倒病

(1) 分布及危害

此病也称立枯病，在各地银杏苗圃均普遍发生。幼苗死亡率很高，尤其在播种较晚的情况下发病率更高。

(2) 病原与症状

引起银杏苗木猝倒病的病原有非侵染性和侵染性两种。非侵染性病原有圃地积水、覆土过厚、表土板结、地表温度过高等。侵染性病原有丝核菌、镰刀菌和腐霉菌等。这些病原菌均有较强的腐生性，平时能在土壤中的植物残体上生存，一旦遇到合适的寄主和潮湿环境即侵染危害。腐霉菌的适宜土温为12 ~ 23℃，丝核菌的适温为25 ~ 28℃，镰刀菌的适温为20 ~ 30℃。病害多于4 ~ 6月间发生。由于发病期不同，通常种实在发芽出土前或幼苗生长期间便被病菌侵入，引起种子、苗木的腐烂、猝倒。

(3) 发病规律

苗木猝倒病主要危害一年生播种苗，尤其以种子出土后1个月内受害最为严重。该病发病比较复杂，苗床连作发病率高，在土壤板结、黏重、积水、通气不良等环境下病原菌易于繁殖，均不利于种子发芽或生长。施入未腐熟的肥料常导致病菌的蔓延，此外，播种时间晚、幼芽出土迟，出土后气温和地温均高，也会导致猝倒病。如播种后覆盖地膜，去膜前应适当通风炼苗，否则苗木会因环境条件的急剧变化而猝倒死亡。

（4）防治方法

一是细致整地，防止圃地积水和土壤板结。有机肥料应充分腐熟，播种前应进行土壤消毒或土壤灭菌。二是提高播种技术，适时早播，覆土厚度适当，促使苗齐、苗旺，提高苗木群体抗性能力。三是用代森锌或敌克松等药物进行土壤处理，每平方米用药量 4 ～ 6g。先将全部药量称好，然后与细土混匀即成药土，播种前将药土在播种行内铺 1cm 厚，然后播种，并用药土覆种。

在幼苗发病期，可用漂白粉 200 ～ 300 倍或高锰酸钾 1000 倍的药土或药液施于苗木根颈部。但应随即以清水喷苗，以防茎叶受害。如发现顶腐型猝倒病要立即喷洒 1 ：1 ：(120 ～ 170)倍(质量比）的波尔多液，每隔 10 ～ 15 天喷施一次。

3. 银杏枯叶病

（1）分布及危害

此病在银杏产区有不同程度的发生，一般老产区较新产区发病严重，而且雌株发病率高于雄株。感病的植株，轻者部分叶片提前枯死脱落，重者叶片全部脱光，从而导致树势衰弱，植株生长发育不良而严重减产，甚至绝收。

（2）病原与症状

银杏叶枯病病原菌比较复杂，据研究，至少有 3 种病原菌已确定，即链格孢、围小丛壳和银杏盘多毛孢。此外在病斑上可见交链孢霉、炭疽苗、多毛孢菌、尾孢菌等多种真菌的子实体。发病初期常见叶片先端变黄，6 月间黄色部位逐渐变褐枯死，并由局部扩展到整个叶缘，呈褐色至红褐色的叶缘病斑。其后，病斑逐渐向叶片基部蔓延，直至整个叶片变成褐色或灰褐色，枯焦脱落为止。7 ～ 8 月病斑与健康组织的交界明显，病斑边缘呈波纹状，颜色较深，其外缘部分还可见较窄或较宽的鲜黄色线带。9 月起，病斑明显增大，边缘出现参差不齐的现象，病变组织与健康组织的界限也渐不明显。此外，9～10月份在苗木或大树基部萌条叶片的不定部位上产生若干不规则的褪色斑点，中心褐色，这些斑点虽无明显扩大，但常与延伸的叶缘斑相连合。

（3）发病与环境的关系

大树较幼苗抗病，雌株随结实量的增加发病率较高。另外，长期根部积水，会造成根系腐烂或树势衰弱；施基肥的植株较施追肥的感病轻；冬季施肥的植株较春季施肥的发病率低；银杏与大豆间作发病较轻。

（4）防控方法

加强管理，增强树势。如争取冬季施肥、避免积水、提高苗木栽植质量、缩短缓苗时间等都可增强苗木的抗病性。适当控制雌株的结果量，能防止此病的蔓延发生。在发病前喷施托布津等广谱性杀菌剂，6月上旬起喷施40%多菌灵胶悬剂500倍液或90%疫霜灵1000倍液，每隔20天喷一次，共喷6次，能有效地防止此病发生。

4. 早期黄化病

（1）分布及危害

此病在银杏集中产区均有不同程度发生，且得黄化病的植株还易染叶枯病，导致提前落叶，高、粗生长量显著减缓，种实产量下降甚至全株死亡。

（2）病原与症状

银杏早期黄化病并不是生物侵染所致，其发病的主要原因较多，但是一般为水分不足、地下害虫危害、土壤积水、起苗伤根或定植窝根以及土壤缺锌等。此病大约于6月初出现，零星分布。在6月下旬至7月间，黄化程度和株数逐渐增多，呈小片状发生。发病轻微的叶片仅先端部分黄化，呈鲜黄色，严重时则全部黄化。由于叶片早期黄化，可导致银杏叶枯病的提前发生，8月间整个叶片即变褐色枯干，而整株树的叶片大量脱落。

（3）防控方法

一是在5月下旬每株苗木施多效锌140g，发病率可降低95%，感病指数也明显降低。二是及时防治蛴螬、蝼蛄、金针虫等地下害虫。三是防止土壤积水，加强松土除草，改善土壤通透性能。四是保护苗木不受损伤，栽植时防止窝根、伤根。五是适时灌水，防止严重干旱。

5. 银杏干枯病

（1）分布及危害

银杏干枯病又称银杏胴枯病，病害分布较广。除危害银杏外，还危害板栗等树种。该病害发生在主干和枝条上，感病后，病斑迅速包围枝干，常造成整个枝条或全株死亡。

（2）病原与症状

银杏干枯病的病原为栗疫枝枯病菌，病菌自伤口侵入主干或枝条后，在光滑的树皮上产生变色的圆形或不规则形病斑，粗糙的树皮上病斑边缘不明显。以后病斑继续扩展并逐渐肿大，树皮纵向开裂。春季在受害的树皮上可见许多枯黄色疣状子座，直径1～3mm，当天气潮湿时，可从疣状子座内挤出一条条淡黄色或黄色卷须状的分生孢子角。秋后子座变成橘红色至酱红色，其后逐渐形成子囊壳。病树树皮和木质部之间可见有羽毛状扇形菌丝层，初为污白色，后为黄褐色。

（3）发病规律

病原菌的分生孢子和子囊孢子均能起侵染作用。该菌以菌丝体及分生孢子器在病枝上越冬，翌春温度回升时，病原菌开始活动。病原菌在4月下旬至5月上旬即开始出现，分生孢子借雨水、昆虫及鸟类传播，并可进行多次再侵染。10～11月份，在树皮上出现埋生于子囊壳的橘红色子座，12月上旬子囊孢子成熟。子囊孢子借风传播，病菌自寄主伤口侵入。病树皮下的扇形菌丝层对不良环境具有很强的抵抗力，可以越冬生存。

（4）防治方法

由于病原菌是一种弱寄生菌，只有在树势十分衰弱的情况下才会被感染。因此应加强管理，增强树势，减轻病害的发生。生产中应彻底清除病株和有病枝条，对病枝应及时烧毁。对于主干或枝条上的个别病斑，可进行刮治并及时消毒伤口。刮皮深度可达木质部，刮皮后用 400 ～ 500 倍抗菌剂 401 加 0.1% 平平加涂涮伤口，或用杀菌剂甲基托布津或 10% 碱水涂涮伤口。

6. 种实霉烂病

（1）分布及危害

此病在各银杏产区均时有发生。在银杏种子的室外窖藏、温床催芽及播种后均有可能出现。

（2）病原与症状

引起银杏种实霉烂的菌类很多，主要是青霉菌、交链孢菌等。这些菌类都是靠空气传播的腐生菌类。霉烂的银杏种核一般都带有酒霉味。在种皮上分布着黑绿色的霉层，生有霉层的种核多水湿状并呈现褐色，切开种皮，种仁全部呈糊状或一半成糊状。

（3）发病原因

银杏种实霉烂病虽由多种原因所造成，但以容器不洁、种子含水量过大、贮藏温度过高、通气条件不良、种子过早采收等为主要原因。

（4）防治方法

适时采收种子，采收的种子必须充分成熟，防止采青。种子贮藏前要适当晾干，含水量以 20% 左右为宜。破碎种子和霉烂种子应一律剔除。种子应用 0.5% 高锰酸钾表面消毒 10 分钟并充分晾干后贮藏。贮存环境应干净无菌，食用种子库的温度以 2 ～ 5℃为宜，并保持通风。有条件可用氮气贮藏种子。播种用种子不宜冷库贮存。种子室外窖藏时，先用 0.5% 高锰酸钾浸种 15 ～ 30 分钟，冲洗干净晾干后再混沙层积。沙也应先用 40% 甲醛 10 倍液喷洒消毒，30 分钟后散堆，或用 100 倍液喷洒后捂盖，24 小时后散堆，待药味全部失散后才能使用。窖藏种子宜用干沙，沙子的含水量最大不应超过 2% ～ 3%。

7. 炭疽病

（1）症状及为害

叶片先呈黄绿色，渐变褐色，并扩展为近圆形或不规则形，后期病斑由内向外逐步转变为灰白色，着生不规则或成轮纹状排列的小黑点，随后病斑蔓延至全叶，最后叶片干枯脱落。

(2) 发病规律

该病的病原菌是刺盘孢菌中的一种，共寄生能力强，可潜伏侵染。银杏常在 6 ~ 10 月感病，而以 8 ~ 9 月为感病高峰期。

(3) 防控方法

加强园地耕作、施肥、淋水，保持园地卫生；6 ~ 10 月每隔 20 天用 1 : 100 倍多菌灵稀释液喷 1 次。

4.5.2 虫害防治

1. 桑天牛

桑天牛属鞘翅目天牛科，在我国南北各地均有发生，分布很广。幼虫蛀食枝干，成虫啃食嫩枝皮层，造成枝枯叶黄，受害严重时常整枝、整株枯死，是银杏树的重要蛀干害虫。

(1) 形态特征

成虫体长 26 ~ 51mm，体宽 8 ~ 16mm。体和鞘翅部都为黑色，密被黄褐色绒毛，一般背面呈青棕色，腹面棕黄色，深浅不一。雌虫触角较体稍长，雄虫则超出体长两三节。蛹体长 50mm，纺锤形，淡黄色。

(2) 生活习性

桑天牛以未成熟幼虫在树干孔道中越冬，成虫于六七月间羽化后，一般晚间活动，喜吃新枝树皮、嫩叶及嫩芽。卵多产在直径 10 ~ 30mm 的 1 年生枝条上。成虫先咬破树皮和木质部，呈“U”字形伤口，然后多在夜间产入卵粒，雌虫每只平均产卵 100 多粒。卵经 2 周左右孵化，初孵幼虫即蛀入木质部并逐渐侵入内部，向下蛀食成直的孔道；老熟幼虫常在根部蛀食，化蛹时，头向上方，以木屑填塞蛀通上下两端。蛹经 20 天左右羽化，蛀圆形孔外出。成虫寿命可达 80 多天。

(3) 防治方法

在六七月间成虫羽化盛期进行人工捕捉成虫；幼虫活动期，寻找有新鲜排泄物的虫孔，将虫粪掏尽，用 25% 滴滴涕乳剂 50 倍液、80% 敌敌畏乳剂 300 倍液或柴油、煤油，从倒数第二个排粪孔注入，注药后用泥团封闭最下端蛀孔，或用金属丝插入每条蛀道最下端蛀孔，刺杀幼虫。此外应保护桑天牛的天敌，未孵化的桑天牛卵，多为啮小蜂寄生，故应对啮小蜂加以保护。生产中应及时将被害濒死的树木连根伐除。

2. 银杏大蚕蛾

（1）分布及危害

银杏大蚕蛾又名白果蚕，俗称白毛虫，发生分布普遍。幼虫杂食性，除取食银杏叶片外，还取食蒙古栎、核桃、柳、樟、枫杨、盐肤木、榛、栗、柿、梅、李、梨、苹果等的叶片。严重时能把整株树的叶子吃光，造成树冠光秃。除影响当年产量外还影响次年的开花结实。个别受害严重的银杏则全树死亡。

（2）生物学特性

银杏大蚕蛾一年1代，卵期9月中旬始到次年5月，约245天左右。3月底至4月初为幼虫活动期，幼虫期约60天，结茧后经一周化蛹，8月下旬可见成虫。成虫羽化后交尾产卵。一般每只雌蛾可产卵250～400余粒。卵集中成堆或单层排列，多产于老龄树干表皮裂缝或凹陷地方，位置在树干3m以下1m以上。银杏大蚕蛾的卵孵化很不整齐，初孵幼虫群集在卵块处，1小时后开始上树取食。幼虫3龄前喜群集，4～5龄时开始逐渐分散，5～7龄时单独活动，一般都在白天取食，且一天中在10：00～14：00取食量最大。

(3）防治方法

冬季人工摘除卵块，7月中下旬人工捕杀老熟幼虫或人工采茧烧毁。成虫有趋光性，飞翔能力强，可于9月雌蛾产卵前，用黑光灯诱杀成虫，效果良好。在雌蛾产卵的9月份，可人工释放赤眼蜂，寄生率可达80%以上。幼虫期喷洒90%敌百虫1500～2000倍液，或50%敌敌畏1500～2000倍液，或鱼藤精800倍液，或25%杀虫双500倍液，防治效果均好，对3龄幼虫进行防治效果尤其明显。

3. 超小卷叶蛾

（1）分布及危害

幼虫多蛀入短枝和当年生长枝内，能使短枝上叶片和幼果全部枯死脱落，长枝枯断。该虫对老龄和生长衰弱的树危害最为严重。

(2) 生物学特性及发生与环境的关系

超小卷叶蛾一年1代，以蛹在粗树皮内越冬。翌年4月上旬至下旬为成虫羽化期，4月中旬为羽化盛期，羽化期14～15天；4月中旬至5月上旬为卵期；4月下旬至6月中旬为幼虫危害期；5月下旬至6月中旬后老熟幼虫转入树皮内滞育，11月中旬陆续化蛹。

成虫羽化后次日交配，2～3天后开始产卵。卵单粒散产于1～2年生小枝上，初孵幼虫爬至短枝顶端凹陷处取食，食量少，1～2天后即蛀入枝内横向取食。幼虫危害以短枝为主，其次为当年生长枝。幼虫于5月中旬至6月中旬由枝内转向枯叶，将枯叶侧缘卷起，在叶内栖息取食，以后则蛀入树皮。幼虫多在粗树皮表面下2～3mm处作薄茧化蛹。

(3) 防治方法

根据成虫羽化后9：00前栖息树干的这一特性，于4月上旬至下旬，每天在9：00前进行人工捕杀。当被害枝上的叶及幼果出现枯萎时，人工剪除被害枝并烧毁，消灭枝内幼虫。在成虫羽化盛期，用50%杀螟松乳油250倍液和2.5%溴氰菊酯乳油500倍液按1：1的比例混合用喷雾器喷洒树干，或用80%敌敌畏800倍液或40%氧化乐果混合液1000倍液喷洒受害枝条。根据老熟幼虫转移到树皮内滞育的习性，于5月底6月初，用25%溴氰菊酶乳油2500倍液喷雾，或用25%溴氰菊酯乳油、10%氯氰菊酯乳油、柴油按1：1：20的比例混合，涮于树干基部或骨干枝上成4cm宽毒环，对老龄幼虫致死率达100%。

4. 大袋蛾

(1) 分布与危害

大袋蛾别名债蛾、蓑蛾、皮虫等。分布区较广，杂食性，为害果树、林木和农作物。幼虫食树叶、嫩枝及幼果，是灾害性的害虫。

(2) 发生规律

大袋蛾通常每年发生1代。成虫在护囊内越冬，翌年5月份化蛹，5月下旬交配产卵，约经3周孵化，11月上旬开始越冬。幼虫期310～340天。雄蛾在护囊内交配，雌虫产卵后即落地死亡，单雌产卵量3000粒左右。幼虫吐丝，靠风力蔓延。成虫有趋光性，

7～9月份为害严重。

（3）防治方法

搜集越冬护囊，集中烧毁。用每毫升含1亿孢子的苏云金杆菌溶液喷洒整个树冠和树干。幼虫孵化后用2.5%敌百虫粉剂或90%敌百虫1000倍溶液喷洒整个树冠和树干。

5. 舞毒蛾

（1）分布危害

舞青蛾隶属鳞翅目、毒蛾科，分布很广，幼虫杂食性，为害嫩枝、幼芽和叶片，严重时可吃光叶片。

（2）发生规律

每年发生1代，幼虫在卵内越冬，翌年4～5月份，嫩芽萌发后孵化，为害银杏嫩枝、幼叶。幼虫常吐丝悬挂，借风传播。7月份成熟幼虫吐丝化蛹，不结茧。7月下旬至8月上旬羽化、交尾产卵。雄蛾比雌蛾活跃，常在白天出来飞舞，有趋光性。卵常产于大枝、树干或树干地际，能耐-20℃低温，长期水浸的卵也能孵化。

（3）防治方法

人工捕杀，摘除卵块并集中烧毁，也可利用成虫趋光性诱杀。在银杏园等处释放卵寄生蜂及捕食性天敌，对防治舞青蛾有显著效果。用65%敌百虫乳剂500～800倍液喷洒3龄以前的幼虫。

6. 黄刺蛾

（1）分布及危害

黄刺蛾隶属鳞翅目刺蛾科。幼虫又名刺毛虫、洋辣子、八角等，全国大部分地区都有发生，食性杂，为害树木达120种以上，是食叶的主要害虫之一。

（2）生活习性

黄刺蛾以老熟幼虫在树上结茧越冬。翌年五六月间化蛹，成虫6月出现，白天静伏于叶背面，夜间活动，有趋光性，成虫寿命4～7天。产卵于叶背面近末端处，散产或数粒在一起，单雌平均产卵49～67粒。卵经5～6天孵化，初孵幼虫取食卵壳，然后食叶，仅取食叶的下表皮和叶肉组织，留下上表皮，呈圆形透明小斑；4龄时取食叶片，呈网眼状；5龄后可吃光整叶，仅留主脉和叶柄。幼虫体上的毒毛，人触及后引起皮肤剧烈疼痛和奇痒。7月，老熟幼虫先吐丝缠绕树枝，后结茧，茧一般多在树枝分叉处。羽化时破茧壳顶端小圆盖而出，出口呈圆形。新一代的幼虫于8月下旬以后大量出现，秋后在树上结茧越冬。

（3）防治方法

冬季落叶后，结合修剪除掉树上的虫茧，杀死越冬蛹。黄刺蛾初龄幼虫多群集于叶背面为害，使被害叶呈枯黄膜状，发现这种现象可及时组织人力摘除虫叶，消灭幼虫。6月上中旬，成虫羽化期可于19：00～21：00，用黑灯光诱杀成虫。6月上中旬幼虫初发期，用90%晶体敌百虫、30%敌百虫乳油、80%敌敌畏乳油、50%磷胺等1000倍液或2.5%敌杀死乳油、20%速灭杀丁乳油3000～4000倍液喷洒叶片，每隔7～10天喷施1次，共3次，效果很好。在幼虫发生期间，用青虫菌粉800～1000倍液喷洒叶片，可大量杀死幼虫。此外，在茧期、成虫期可通过保护天敌有效控制黄刺蛾为害。

7. 茶黄蓟马

（1）分布及危害

茶黄蓟马主要危害银杏幼苗、大苗及成龄母树的新梢和叶片，常聚集在叶背面吸食嫩叶汁液，吸食后叶片很快失绿，严重时叶片白枯导致早期落叶。

（2）生物学特性

茶黄蓟马一年发生3～4代，以蛹在土壤缝隙、枯枝落叶层和树皮缝中越冬。次年4月下旬成虫羽化后扩散到银杏叶背面取食并产卵，卵产于叶背面叶脉处。初孵若虫在嫩叶背面取食，3龄若虫不再取食，而是钻入土壤缝隙及枯枝落叶层或树皮缝处化蛹，3龄若虫脱皮后即为蛹（4龄若虫）。成虫在叶背面和正面均可取食。茶黄蓟马在银杏叶片上，一般于5月中下旬开始出现，7月中下旬达到高峰，9月初虫量消退，为第4代陆续下地化蛹的时期。

（3）防治方法

4月下旬在地面和树干喷速灭杀丁3000倍液或40%氧化乐果1000倍液，能有效地防治成虫上树为害。5月中下旬叶片上开始出现茶黄蓟马时，对树体喷药防治，可用40%氧化乐果1000倍液、80%敌敌畏1000倍液，或用速灭杀丁3000倍液。6月中下旬喷第2次药，7月中下旬虫口密度最大时喷第3次药。

8. 沟金针虫

（1）分布及危害

沟金针虫主要发生于陕西、甘肃等省。以幼虫咬食银杏种实、根、茎或钻到茎内造成危害，常导致缺苗断垄。成虫在补充营养期间取食银杏芽叶，也造成一定的危害。

（2）生物学特性

沟金针虫2～3年完成1代，以成虫或幼虫在土中越冬；翌年4月上旬为成虫活动盛期，雄成虫有趋光性，卵散产于3～7cm深的土中，卵期35天；幼虫到第三年8月老熟后作土室化蛹，成虫羽化后10月在原土层中越冬。沟金针虫主要在土中活动，但受温、湿条件的影响很大。当10cm深土层的温度达到6℃时即上升运动，土温达10～20℃时可严重危害种实和幼苗。春季多雨也加重危害，如土中水分过多，则沟金针虫转向深土层活动。

（3）防治方法

及时清除杂草并松土，精耕细作可抑制其危害。播种前用1kg1.5%乐果粉剂与300～400kg细砂土充分拌匀后，均匀撒入苗床或苗垄中，翻土毒杀幼虫。

4.5.3 冻害防控

1. 冻害成因

银杏冻害主要指树木因受低温的伤害而使细胞和组织受伤，甚至死亡的现象。影响银杏树冻害发生的因素很复杂，从内因来讲，与品种、树龄、生长势及当年枝条的成熟及休眠有密切关系；从外因来说，与气象、地势、坡向、水体、土壤、栽培管理等因素分不开。因此，当发生冻害时，应多方面分析，找出主要矛盾，提出解决办法。

2. 冻害类型

（1）雪压

0℃以下的持续降雪，积雪不化，厚度增加，幼树在较长时间内遭受雪压，会造成折枝、倒伏。

（2）冰冻

雪后阴雨天气，温度降至冰点以下，幼树组织发生冰冻导致林木遭受冻害。幼树表现出全株枯死或部分幼嫩枝条冻枯，影响翌年成活和正常生长。

（3）冻拔

指由于天气冷暖交替变化，昼夜温差大引起的根系拔出而造成的灾害。由于冻雪导致土壤水分含量过大，表土层冻结，使幼树抬高，根系拔出地表，冰融后土壤下落，但拉出的幼树根系不能恢复到原来位置而产生外露，导致幼树衰弱甚至死亡。

3. 防护技术

（1）清沟排水

对于地势较低或坡度平缓、易积水的幼林地，雪后积水严重，要做好沟渠清理，及时排除积水。

（2）扶直培土

积雪融化后，对倾斜、倒伏但主干未折断的苗木、幼树进行扶直，并在其基部培土。对受冻拔害的幼苗、幼树及时重新栽植。

（3）修剪冻枝

早春气温稳定回升且冻害表征明显后开始修剪，一般剪去冻害部分，促进新梢萌发。对受冻致死已丧失发芽能力的枝条及折断枝条进行剪除可防止为害整个树体。对于地上部分冻害严重，但是树干基部及根系仍然良好的植株，可采取平茬措施。平茬高度一般控制在距地表面 10cm 左右。

（4）补植或重造

冰雪融化后，对于因苗木冻死而未达到合理造林密度的幼林地，应及时补植重造。

4.6 采收加工与贮存运输

4.6.1 果实采收

1. 采收时间

在果实成熟的 10 月下旬，外果皮变为黄橙褐色，果柄基部离层，表面具有白色果粉并松软时采收。

2. 采果要求

采果的器具应清洁、无污染。采收时，应动作轻巧，注意保护树干、树枝。

3. 采果方法

采收时严禁将内果核弄脏、损伤及污染，更不宜折断树枝。

4.6.2 果实加工

1. 堆积软化

果实堆放厚度 30 ～ 60cm，上盖湿草 5 ～ 7 天，待果肉软化后脱皮。

2. 去皮漂洗

用脚踩或手捏去外果皮后，应立即将果核置于流动的生活饮用水中冲洗，以利去除杂质，净化果核。

3. 晾晒干燥

充分晾晒，直至果实外壳变白、干响为止。感观质量为无杂质，颜色白净为好。

4.6.3 银杏鲜叶采收加工

银杏叶主要用来制造药品、茶叶、保健品、化妆品、饮料等，采收的关键是判别采收期、选用正确的采收方法并确定适当的采收量。

1. 采收时期

适时采收，过早则叶片发育不完善，药物成分不达标，且影响树体营养生长；过晚，叶内有效成分下降，利用率低。据测定银杏叶片五月份鲜重增长最快，占全年的 95% 左右，9 月中下旬至 10 月初为叶片干重增长的最大值，约占全年的 96% 左右，夏季，当光照强度最大时，萜类物质含量最高。采叶时要分期、分批、分层采收，即 7 月份采苗木的下层叶片，8 月份采中层叶片，9 月下旬至 10 月上旬采上层叶。

2. 采集方法

（1）人工采叶

适于结果期银杏树。尽量分期分批采叶，不影响翌年结果，并于10月上旬前采完。用竹竿敲击采叶时要保护好短枝。对于幼树，可沿枝条舒展方向逆向逐叶或簇叶采下，且不可损害短枝和芽子。

（2）机械采收

适于大面积的采叶园。可选用往复切割、螺旋式滚动和程度旋转勾刀式等切割式采叶机械进行作业。为避免对树体的影响，通常机采3～4年后，进行1次人工采收或予以平茬，以恢复树势。

（3）化学采叶

为提高效率，有条件的地方可于采叶前10～20天，喷施浓度为0.1%的乙烯利。

3. 采叶量

通常来讲1～2年生实生苗，每亩可采鲜叶150～200kg；3～4年生实生苗，每亩可采鲜叶750～800kg；5～6年生实生苗，亩采鲜叶可达1500～2000kg。

4. 鲜叶贮运

鲜叶采后严禁暴晒，应于荫凉处暂存，堆放厚度一般10～20cm，勤翻动，防止发热发霉。运输前装入干净、无菌、通气的容器内，每袋以40～50kg为宜。装运时不能挤压太紧，以免运输过程缺氧，引起叶片变质。运达目的地后，要及时打开包装，晾晒或烘干。

5. 鲜叶加工

鲜叶采收后要尽快加工处理，以防止天气变化而使叶片发霉，影响叶片质量。加工方式有两种：一是晾晒干叶。选择干净竹席垫或洁净水泥地面，把叶片推开，在阳光下自然晾干。摊晒厚度在10 cm左右，每天翻动几次，以加快叶片干燥。晒干期间每天晚上收堆，用塑料薄膜覆盖，以免夜间返潮，但不要覆盖严，以利通风。在阳光充足的情况下，一般经过2～3天就可晒干。干叶含水量要在25%以下，用手捏叶柄能断，就可收贮或销售。空气湿度较高时，银杏叶片易“回潮”，贮藏期间，应经常检查，发现“回潮”要及时晾晒。二是机械烘干。把鲜叶放入烘干机内快速烘干。干叶含水量要求在10%以下。机械烘干法不受天气影响，干燥速度快，叶子质量好，烘干后用机械压缩包装，可保存3年以上。

4.6.4 产品包装贮运

1. 包装

包装人员及厂房设施应完全符合绿色食品规范要求。包装要有记录和标签，所使用的包装材料应完全符合《绿色食品包装通用准则》NY/T658 的要求。

2. 运输

产品运输应符合《绿色食品贮藏运输准则》NY/T1056 的要求。不应与其他有毒、有害、易串味物质混运。

3. 贮存

仓库应通风、干燥、避光，并具有防鼠、虫、禽畜的措施。仓储期间地面要有防潮板，产品堆放与墙体保持一定距离。定期检查，以防发霉、虫蛀、变色。

参考文献

[1] 孟昭清，刘国杰．果树整形修剪技术．北京：中国农业大学出版社，1999

[2] 王跃进，杨晓盆．北方果树整形修剪与异常树改造．北京：中国农业出版社，2002

[3] 姜远茂，彭福田，巨晓棠．果树施肥新技术．北京：中国农业出版社，2002

[4] 高新一，王玉英．果树林木嫁接技术手册．北京：金盾出版社，2008

[5] 孙岩，张毅．果树嫁接新技术图谱．济南：山东科学技术出版社，2009

[6] 王国英，王立国．北方果树整形修剪技术百问百答．北京：中国农业出版社，2010

[7] 王俊，杨巧云，马庆州．果树整形修剪实用操作技术．郑州：中原农民出版社，2011

[8] 田茂琳等．绿色食品油橄榄生产技术规程（DB62/T1364-2005）

[9] 田茂琳等．绿色食品陇南花椒生产技术规程（DB62/T1366-2005）

[10] 田茂琳等．绿色食品陇南核桃生产技术规程（DB62/T1367-2005）

[11] 田茂琳等．绿色食品银杏生产技术规程（DB62/T1371-2005）

[12] 田茂琳．绿色油橄榄生产技术．兰州：甘肃文化出版社，2008

[13] 田茂琳．陇南特色农业标准．兰州：甘肃科学技术出版社，2012